여자아이 자존감

Good Girls Don't Get Fat

외모와 몸매 스트레스 벗고
당차게 성장하는 비결

여자아이 자존감

로빈 실버만 지음 | 김은경 옮김 | 김율리(인제대학교 백병원 정신건강의학과 교수) 감수

Good girls don't get fat

북로그컴퍼니

K-POP 스타의 나라
한국의 10대 여자아이들을 위해

여자는 아주 어릴 때부터 외모가 전부라고 배운다. 특히 대중매체에서 미화된 K-POP 스타가 많은 한국의 여자아이들은 그런 열망이 세계 어느 나라보다 강할 것이라 생각된다. 하지만 어떤 아이도 외모 때문에 자신을 '가치 없는 존재'라고 느껴서는 안 된다. '마르면 좋고 살찌면 나쁘다'는 사회의 메시지를 끊임없이 접하는 딸들을 자신감 넘치는 여자로 키우려면 어떻게 해야 할까?

1. 신체 치수는 제각각 다르다는 사실을 알게 한다. 성장기에는 체중이 늘어나는데 그 속도나 시기는 아이들마다 다르다. 잡초처럼 키가 쑥쑥 큰 후에 체중이 늘어나는 아이가 있는 반면 체중이 먼저 늘고 다음에 키가 크는 아이도 있다. 여기서 중요한 점은 자신의 나이 대에 해당하는 체중이 아니어도 건강하고 활동적일 수 있다는 사실이다.

2. 비교하지 않는다. 부모가 한 자녀의 체중이나 성장 속도를 지적하면 비교당한 자녀는 그 말을 자신이 '정상'이 아니라는 비난으로 받아들인다. 특히 여자

아이들은 다이어트나 날씬한 몸매와 관련한 사회적 메시지를 자주 듣는다. 그래서 상대가 악의 없이 내뱉은 비교의 말도 자신의 가치를 평가 절하하는 말로 받아들이기 쉽다.

3. 가정에서 접하는 대중매체를 주시한다. 수많은 잡지와 텔레비전 프로그램에서 마른 몸매를 극찬하고 여배우들처럼 마르지 않은 몸매는 폄하한다. 천 마디 말보다 한 컷의 그림이나 영상의 효과가 크다. 가정에서 이런 잡지나 텔레비전 프로그램을 접했다면 부모는 자녀의 생각을 물어보면서 그 부분을 주제로 대화를 나누는 것이 좋다. 사람들은 저마다 생김새와 몸매가 다르다는 사실을 잘 보여주는 텔레비전 프로그램과 책이야말로 큰 도움이 된다.

4. 말과 행동을 조심한다. 부모가 체중과 외모에 집착하면 자녀도 그런 사실을 알아차리기 마련이다. '아이들은 본 대로 배운다'는 말이 있다. 아이들은 부모처럼 되고 싶어 하고 부모가 자신을 자랑스러워하기를 바란다. 부모가 거울 앞에 서서 자신의 몸매를 비하하는 말을 했다고 해보자. 이 모습을 본 자녀는 '엄마(아빠)는 내 몸매도 못났다고 생각하겠지'라고 판단할 것이다. 자녀는 부모의 본을 따른다. 따라서 부모는 몸매에 대한 건강한 생각을 자녀에게 보여주어야 한다.

5. 자녀를 다양한 활동에 참여시키고 다양한 사람을 접하게 한다. 아이들은 다양한 사람을 만나고 다양한 활동을 하면서 재능을 계발한다. 수많은 또래 여자아이와 성인 여성들을 만나다 보면 사람의 가치나 능력은 외모로 결정되지 않는다는 사실을 깨닫기 마련이다. 팀 스포츠, 노래, 힙합 댄스, 연극 등 다양한 활동에 참여하다 보면 몸무게와 외모에 집착하지 않으면서 자신이 할 수 있는 일에 자신감을 키울 수 있다.

6. 좋은 가치관을 가르친다. 부모는 외모가 아닌 그 사람 자체를 보고 진정한 친구를 사귀도록 자녀를 가르쳐야 한다. 이렇게 하면 자녀는 그런 사고방식을 지닌 사람들과 친해질 뿐 아니라, 자신의 몸매나 외모가 아닌 자신의 가치로 스스로를 평가하게 된다. 또한 자녀가 외모를 기준으로 친구들을 만드는 아이들과 어울리지 않을 가능성도 높아진다.

7. 인내심을 발휘하고 자녀 편이 되어준다. 부모는 자녀가 성장하면서 체형과 몸매가 자주 변한다는 사실을 받아들여야 한다. 부모는 정형화된 틀로 사람을 판단하는 이 세상에서 자녀가 기댈 안전한 피난처다. 부모는 자녀에게 '나는 무조건 네 편이고 너를 사랑한다'고 느끼게 해주어야 한다.

여러 가지 기준에 '어울리려고' 애를 쓰는 아이들에게 성장 과정은 혼란스럽고 불안하게 느껴질 수 있다. 어른들은 모든 아이가 자신의 몸무게와 상관없이 스스로 가치 있고 유능한 존재라고 느끼도록 도와야 한다. 그래야 여자아이들은 자신들의 있는 모습을 있는 그대로 사랑하게 된다.

나는 언젠가 내 딸이 거울을 들여다보며 "내 모습, 괜찮은 걸까?"라고 자문했을 때 자신 있게 '그렇다'라고 대답하기를 바라고 기도한다. 하지만 모든 여성이 신체 사이즈와 나이에 상관없이 그런 질문을 할 필요가 없어질 때 나의 노력이 진정한 성과를 거두었다고 말할 수 있을 것이다.

지난 10여 년간 내가 만나온 수많은 10대 여자아이들과 성인 여성들의 진솔한 이야기, 그리고 여러 의사, 교육자, 심리학자의 조언과 과학적 연구 내용을 토대로 한 이 책이 심각한 외모 지상주의로 고민하는 한국 독자들에게도 큰 힘이 되어주길 진심으로 바란다.

로빈 실버만
Robyn J.A. Silverman, Ph.D

딸 키우는 엄마가 꼭 읽어야 할 책

《여자아이 자존감》의 감수를 제안 받았을 때, 나의 머릿속에는 17년간 진료실에서 만났던 수많은 소녀의 얼굴이 떠올랐다. 살찌는 게 죽기보다 싫다며 비장한 각오로 음식을 거부하는 깡마른 소녀들의 얼굴.

오늘도 진료실에서 그런 소녀를 만났다. 몸무게는 겨우 38킬로그램. 깡마른 체구임에도 소녀는 살을 더 빼야 한다며 음식을 거부하고 있었다. 그런 딸을 바라보는 엄마의 표정은 막막했다. 불과 1년 전, 딸은 조금 통통한 편에 속하는 평범한 소녀였다. 엄마는 딸아이가 살을 빼겠다며 저녁을 굶기 시작할 때 별일 아니라고 생각했다. 하지만 어느 순간부터 걷잡을 수 없이 음식과 체중에 집착하며 무모한 다이어트를 지속하는 딸을 보며 무언가 크게 잘못되었다는 걸 느꼈다. 그제야 "너는 살을 빼기 전에도 예뻤고, 지금도 예뻐. 하나도 안 뚱뚱해."와 같은 말들을 건넸지만 아무 소용없었다. 결국 소녀는 엄마의 손에 이끌려 내 진료실을 찾았다.

안타까운 건, 몇 년 사이 진료실에서 이렇게 깡마른 소녀들을 만나는 횟수가 점점 늘고 있다는 사실이다. 소녀들은 자신이 왜 병원에 와야 하는지 이해하지 못했고, 여전히 살을 더 빼야 한다는 주장만 되풀이했다. 이 소녀들의 내면에는 '살을 빼야 한다!'는 것 외엔 아무것도 존재하지 않는 듯했다. 자신에 대한 믿음, 존중, 사랑의 힘도 전혀 남아 있지 않았다. 그리고 또 하나 안타까운 건 부모들이, 특히 엄마가 딸의 외모와 관련해 무심코 내뱉는 걱정과 지적이 섭식장애의 가장 큰 원인이 된다는 것을 모르고 있다는 점이다.

소녀들이 자신의 체형을 불만스러워하는 것은 흔한 일이다. 대략 17~33%의 청소년들이 자기 체형에 불만이 있다고 조사됐는데, 특히 여학생들의 스트레스가 더 심했다. 몸매와 외모에 대한 불만족은 열등감, 우울함, 자존감 훼손, 섭식장애 등 마음의 병으로 이어질 수 있다. 또한 성형수술, 운동 기피 혹은 과도한 운동, 약물 복용, 흡연과 같은 위해하고 극단적인 방법으로 체중 감량을 시도할 수도 있다.

여기서 기억해야 할 것은, 자신의 체형을 불만스러워하는 소녀들은 어른이 되어서도 달라지지 않는다는 것이다. 성장기 시절의 외모와 몸매에 대한 불만족은 결국 자존감 상실을 낳고, 그러한 상태로 어른이 된다면 당당한 주체로서 세상을 살아가는 데 많은 어려움을 겪게 될 것이다.

이러한 안타까움 속에서 나는 이 책《여자아이 자존감》을 만났다. 그리고 내심 기쁜 마음을 감출 길이 없었다. 이 책은 체중과 체형에 집착하는 소녀들의 문제를 정확하게 짚고 있을 뿐 아니라 엄마와 아빠, 학교 선생님, 친구 등 소녀를 둘러싼 주변인들 혹은 주변 환경들이 가하는 영향과 문제점—너무나 일상적으로 일어나는 일이라 섭식장애와 같은 병을 유발할 수 있을 거라고 생각조차 못했던—을 이야기하고 있다. 더불어 그에 대한 해결책까지 세세하게 알려주고 있어 소녀들에게, 특히나 딸아이를 가진 엄마들에게 가장 필요한 책이라는 확신이 들었다.

이 책은 딸에게 가장 큰 영향을 주는 '엄마'가 자신의 딸을 자신감 넘치는 긍정적인 아이로 키우기 위해 알아야 할 내용들로 채워져 있다. 앞서 말했듯 엄마가 아무 의미 없이 딸에게 전하는 외모와 관련된 말들은 생각하는 것보다 훨씬 나쁜 결과를 초래한다. "그만 먹어." "살 좀 빼라."와 같은 말을 들은 사춘기 딸은 자존감을 훼손당했다고 느껴서 학교생활이나 친구 관계, 나아가 사회생활에서도 자신감이 떨어질 수밖에 없다.

또한 엄마 자신이 다이어트 중이거나 몸매에 대해 부정적인 시각을 갖고 있다면 딸 역시 평생 자신의 몸매에 만족하지 못하고, 요요를 불러오는 다이어트 강박증에 빠질 확률이 높다. 이러한 이야기들은 분명 이 책을 읽을 엄마들의 머릿속에 거대한 섬광을 남길 것이다.

더불어 이 책에서는 소녀들의 자신감 회복을 돕는 바람직한 아버지상과 외모 비교에 노출되어 있는 형제자매의 갈등 해소법 등을 제안하며 긍정적인 가정환경 조성의 중요성을 강조한다. 또한 친척과 지인들, 나아가 학교와 친구, 선생님들이 무심결, 혹은 악의적으로 딸에게 줄 수 있는 외모 스트레스를 날카

롭게 지적하며, 내 딸이 가정에서뿐 아니라 사회에서도 바로 설 수 있는 방법들을 제시한다.

특히 '당찬 여학생 법칙 10'이라는 방법은 딸이 스스로를 보호하고 긍정적인 행동을 할 수 있도록, 부모가 딸이 다른 사람으로부터 몸매에 대해 부정적인 말이나 비난을 들어도 반박하고 내면에 긍정적인 마음가짐을 쌓을 수 있도록 돕는 길잡이가 될 것이다. 어찌 보면 이 모든 이야기는 내가 십수 년간 해온, 하고자 했던 이야기들이다.

청소년들의 외모 스트레스 해결 방안들은 이미 영국, 미국 등 선진국 정부 정책의 초점이 되고 있다. 다이어트와 몸짱 열풍에 과열된 우리 사회도 체형에 대한 왜곡된 압력으로부터 소녀들을 어떻게 지켜낼지 생각해 볼 때다. 외모 스트레스를 조장하는 매스컴을 탓하는 데 시간을 보내기보다는 적극적으로 이것으로부터 자기 자신을, 내 딸을, 우리 학생들을 지키기 위한 예방에 노력을 들여야 할 때다. 바로 이 책이 그러한 노력들에 큰 도움을 줄 것이다.

김율리 인제대학교 백병원 정신건강의학과 교수

한국어판 서문 • 4
추천사 • 8

Part 01 내 아이를 조종하는 목소리 • 17

거울아, 거울아, 세상에서 누가 제일 뚱뚱해? • 19
여기도 거울, 저기도 거울 • 21
어떤 여자가 되고 싶니? • 22
사춘기가 없었으면 좋겠어요 • 25
굶어라, 완벽한 몸매를 위하여 • 29
초콜릿 맛 설사제 • 31
심각한 약물 복용 • 35
스스로를 학대하는 아이들 • 37
여자아이 혹하게 하는, 인터넷 사이트의 조언들 • 39
딸의 자존감을 높이는 5가지 방법 • 43
Body Image Quotient 아이의 혼잣말로 판단하기 • 46

Part 02 엄마는 딸의 거울이다 • 49

엄마와 딸, 누가 문제일까? • 50
애, 살 좀 빼라 • 53
이래도 문제 저래도 문제 • 57
엄마, 먹어도 돼요? • 61
어디까지 통제할 것인가 • 64
날씬한 엄마 vs 뚱뚱한 딸 • 66

본 대로 배운다 • 69

친밀하지만, 잘못된 모녀 관계 • 73

새엄마의 등장 • 76

다이어트 하는 엄마 vs 지켜보는 딸 • 79

넌 지금 이대로 예뻐 • 81

딸 키우는 엄마가 해야 할 10가지 • 84

Body Image Quotient 엄마의 태도로 판단하기 • 90

Part 03   아버지가 딸의 인생을 좌우한다 • 93

남자친구보다 더 중요한 존재 • 95

아버지도 화성에서 온 남자? • 97

뚱뚱한 건 괜찮아요, 하지만…… • 99

딸의 외모로 농담하는 아버지 • 101

아버지의 돌직구 • 102

해결사 아버지 • 106

살 빼면 옷 사줄게 • 108

유령 아버지 • 110

이방인 아버지 • 113

딸의 성장을 부정하는 아버지 • 115

완벽한 아버지와 산다는 것 • 119

뭐든 오케이, 오케이 • 120

새아빠가 생겼어요 • 122

딸은 이런 아버지를 원한다 • 124

Body Image Quotient 아버지와 딸의 관계로 판단하기 • 132

Good girls don't get fat

Part 04 자매는 동지인가, 적인가 · 135

자매간의 경쟁 · 139

너무 솔직한 언니들 · 141

오빠와 오빠의 여자친구 · 144

형제자매 갈등 해결의 10가지 원칙 · 147

긍정적인 가정환경 만들기 · 150

친척과 지인에게 도움을 구하라 · 152

나쁜 이웃을 조심하라 · 155

Body Image Quotient 가족이나 친척의 태도로 판단하기 · 158

Part 05 학교와 선생님이 외면하는 것들 · 161

학교의 무관심 · 162

선생님 뒤에서 벌어지는 일들 · 162

선생님의 편견이 아이를 병들게 한다 · 166

몸무게로 차별하는 선생님 · 169

체질량지수에 대한 잘못된 믿음 · 172

어떻게 맞설 것인가 · 174

학교와 선생님이 할 일 · 178

교실에서 할 수 있는 가치관 교육 · 182

Body Image Quotient 딸의 선생님들은 올바른 교육자인가? · 186

Part 06 좋은 친구, 나쁜 친구, 남자친구 · 189

무리에서 추방당하는 소녀들 · 191

눈에 띄지 않거나, 너무 튀거나 · 198

남자는 정말 마른 여자를 좋아할까? · 201

'완벽한 여자'라는 허상 · 205

부모는 절대 알 수 없는, 소녀들의 사이버 생활 · 208

SNS에서 벌어지는 잔혹한 테러 · 210

자기 생각 드러내기 · 212

딸은 어떤 친구를 사귀는가? · 215

Body Image Quotient 학교와 친구에 대한 딸의 생각 · 218

Part 07 몸무게와 상관없이 당당한
여학생의 비밀 · 221

당찬 여학생 법칙 1~10 · 223

Body Image Quotient 당찬 여학생 법칙 10으로 판단하기 · 252

Body Image Quotient 총점 보기 _ 내 딸은 당찬 여자아이일까? · 254

에필로그 · 258

Good girls don't get fat

Part 01

내 아이를 조종하는
목소리

무더운 7월의 오후 두 시 무렵이었다. '당찬 여학생 모임'에 온 여학생들이 편한 자세로 모여 있었다. 모두 그날의 질문 '거울에 비친 내 모습은 어떤가요?'에 대해 적은 다이어리를 들고 있었다.

"뚱뚱한 것 같아요." "배가 너무 나왔어요." "내 다리는 도저히 봐줄 수가 없어요." 등 아이들의 대답은 비슷했다.

열네 살 애슐리가 자기 다이어리에 적은 내용을 읽어주었다.

거울을 보다가 역겨운 생각이 들어 내 허벅지를 꼬집었다. 66사이즈인 내 허벅지는 볼 때마다 얼굴을 찌푸리게 한다. 어제 저녁 가족과 외식하면서 선데이 아이스크림을 다 먹어치운 게 후회스럽다. 잘 참아내려 했는데⋯⋯. 이렇게 자꾸 무너지면 절대 44사이즈가 될 수 없을 텐데⋯⋯.

아이들이 공감하듯 고개를 끄덕이더니 애슐리에게 위로의 말을 건넸다.

"애슐리, 난 네 허벅지만큼만 되면 좋겠다! 내 허벅지는 완전 코끼리 다리 같아!"

"맞아, 그리고 넌 우리 중에서 배가 제일 안 나왔잖아. 내 배 좀 봐!"

"다들 왜 그러냐? 여기서 덩치가 제일 큰 사람은 나잖아!"

"난 이제 아이스크림 절대 안 먹을 거야. 먹으면 바로 뚱뚱해지는 그 느낌이 진짜 싫어."

"난 우울증에 걸릴 지경이야."

여성들은 다른 사람을 위로하기 위해 자신을 비하하는 데 익숙하다. 다른 사람을 기분 좋게 해주려면 자신을 낮추어야 한다는 것을 학창시절부터 알게 모르게 배우는 것이다. 여학생들은 상대방이 정상 범주에 드는 '괜찮은' 존재임을 그런 식으로 확인시켜준다.

"내 외모에 대해 불평을 해야 사람들이 나를 더 좋아해요. 그래서 속으로는 스스로 괜찮다고 생각해도 사람들에게 그렇게 말할 수는 없어요."

하지만 문제는 자신을 비하하는 과정에서 스스로 그 말을 점점 더 믿게 된다는 점이다.

거울아, 거울아, 세상에서 누가 제일 뚱뚱해?

•

《내 딸이 여자가 될 때(Reviving Ophelia)》를 쓴 메리 파이퍼는 "10대 여자아이들은 꽉 끼는 작은 옷에 자신을 끼워 맞춘 '여장 남자배우'처럼 점점 변해간다."라고 말했다. 이 말이 맞다면 아이들은 거울 앞에서 그렇게 되는 연습을 하는 셈이다.

흔히 사람들은 아이가 외모 특히 몸무게 때문에 놀림받거나 따돌림당하는 이유를 주위 사람들 때문이라고 생각한다. 하지만 대개 그런 일은 아이 스스로가 자신을 비하하는 데서 시작된다.

아이의 마음속에 있는 독설가가 끊임없이 살을 빼라고 말한다. 아이는 그 목소리에 따라 밥을 굶으며 살을 빼려 하고, 살을 빼는 데 실패하면 심하게 자책한다. 그러다가 섭식장애에 걸리고 때로는 더 심한 증상도 겪게 된다.

미국 고등학생 1만 4,000여 명을 대상으로 설문조사를 했는데, 일부 10대 여학생들은 실제 과체중이거나 아니면 스스로 과체중이라고 믿을 때 자살을 시도할 가능성이 있다고 한다. 여학생들은 거울 속 자신의 모습에 절대 만족하지 못한다.

왜 이렇게 된 걸까? 예전에 거울은 즐거운 놀이 도구였다. 나는 어렸을 때 친구들과 거울 앞에서 엄마의 화장품을 바르거나 엄마의 옷을 입고 춤을 추며 놀았다. 우리는 서로의 모습을 보며 까르르 웃었고, 그럴 때마다 기분이 아주 좋았다. 그런데 요즘 아이들은 어떤가?

사랑스러운 미소와 예쁜 목소리를 가진, 66사이즈를 입는 열여덟 살 소녀 케이시의 말을 들어보자.

"남동생과 장난을 칠 때 그 애가 저를 '뚱녀'라고 불러도 아무렇지 않게 넘길 수 있어요. 그런데 거울을 보면 달라져요. '동생이 그냥 장난치는 거야'라고 생각했다가 거울 앞에 서면 '나 정말 뚱녀인가봐. 안 뚱뚱한데 그렇게 불렀겠어?'라는 생각이 드는 거예요."

이처럼 거울은 이상한 이중성을 띠게 되었다. 거울은 우리 눈에 보이는 모습과 우리가 바라는 모습을 반영한다. 우리는 어쩌다가 단순한 코팅 유리에게 이토록 많은 것을 기대하게 되었을까? 우리는 자신의 아름다운 부분과 약간의 단점을 발견할 줄 아는 능력, 그리고 자신의 가치관 등은 무시한 채 거울에게 막강한 권력을 부여하고 싶은 것인지도 모른다. 거울에 대한 추한 진실은 바로 우리 스스로에게 있을지도 모른다.

거울을 모두 덮어버려 안 보게 되면 어떨까? 잘 알려진 대로 오프라 윈프리도 몇 년 전에 이 방법을 썼다. 캘리포니아대학교에서도 섭식장애의 경각심을 일깨우기 위해 일 년에 한 번씩 거울을 보지 않는 주간을 마련한다.

하지만 우리를 비난하는 독설가는 거울 안에 있는 것이 아니다. 대부분은 우리 딸들의 머릿속 깊이 자리를 잡은 채 온종일 악마처럼 속삭인다. 힘 있는 목소리가 아닌 심술궂은 목소리로 말이다. 그 목소리는 학교에서 다른 사람이 했던 말을 그대로 반복해 들려주고, 우리의 딸들을 불안하고 불쾌하게 만들었던 다른 사람의 조롱하는 표정을 다시 떠올리게 한다.

여기도 거울, 저기도 거울

●

어떤 아이가 실제로 뚱뚱한지 여부와 관계없이 자신을 뚱뚱한 사람으로 생각한다고 해보자. 이 아이는 자신에 대한 생각을 주위 사람들에게 은연중에 드러내게 되어 있다. 그러면 주위 사람들은 그 아이의 낮은 자존감을 되비쳐 보여주는 '거울' 같은 존재가 된다. 그들의 표정, 말 한마디, 심지어 으쓱이는 어깻짓에도 아이의 자존감은 더욱 낮아진다. 역설적이게도 여자아이들은 다른 사람을 기분 좋게 해주려고 자신을 비하하면서도 다른 사람이 다시 자신에게 기분 좋은 말을 해주기를 내심 기대한다. 또한 다른 사람의 피드백을 갈망하면서도 나중에는 그 피드백을 비난한다. 나는 여러 지역에 사는 많은 여자아이들에게 이런 질문을 해왔다. 자신에 대해 느끼고 말로 표현하는 모든 것에 다른 사람도 공감한다는 점을 어떻게 아느냐고 말이다. 그러면 아이들은 '그냥 안다'는 식으로 대답한다.

"사람들이 '그렇지 않다'라고 답해주지 않으니까요."

"앞에선 '야, 그 정도면 괜찮아'라고 해놓고 뒤에선 엉덩이가 뚱뚱하다고 수군거리잖아요."

"사람들 표정이나 하는 행동을 보면 알 수 있어요."

"굳이 사람들이 말해주지 않아도 내가 뚱뚱하다는 건 나도 알아요."

"다니다 보면 사람들이 나를 보고 수군거리는 것 같아요. 그러면 기분이 나빠져요."

뚱뚱한 몸에 대한 혐오감은 아주 어릴 때부터 생겨난다. 〈영국 발달

심리학 저널(British Journal of Developmental Psychology)〉에 실린 내용에 따르면 3~6세 여아의 절반 정도가 살찌는 것을 걱정한다고 한다. 오스트레일리아의 유치원생들을 대상으로 실시한 조사 결과도 이와 유사하다. 아이들은 학교에 들어가기 전부터 '뚱뚱한 것은 나쁘고 마른 것은 좋다'라는 다분히 위험한 메시지를 주워듣는다고 한다. 내 친한 대학 친구의 딸 조던의 경우도 그랬다. 어느 날 조던이 물을 뚝뚝 흘리며 욕조에서 나와 거울을 들여다보더니 시무룩한 표정이 되어서는 제 엄마에게 이렇게 물었다고 한다.

"엄마, 나 뚱뚱해?"

조던은 겨우 네 살이었다.

어떤 여자가 되고 싶니?

•

나는 매해 '당찬 여학생 모임'을 시작할 때 '남자가 된다는 것' '여자가 된다는 것' '숙녀가 된다는 것'에 대해 그것을 설명하는 말을 적어보게 한다. 아이들은 '남자가 된다는 것'과 '숙녀가 된다는 것'에 대해서는 막힘없이 잘 쓴다.

남자가 된다는 것

강인해지는 것

누군가를 책임지는 것

적극적인 것

공격적이고 야성적인 것

자신만만한 것

숙녀가 된다는 것

얌전하고 조용한 것

조금만 먹는 것

예쁘고 날씬한 것

연약한 존재

고분고분하고 착한 것

그러나 '여자가 된다는 것'에 대해 쓰라고 하면 어리둥절한 표정으로 서로를 쳐다본다. 매해 반복되는 장면이다.

"남자가 돼라는 말은 많이 들어봤어도 여자가 돼라는 말은 못 들어봤어요."

"남자가 돼라는 표현은 스포츠 같은 분야에서 흔히 듣지만 '여자가 되어라'라는 말은 잘 안 쓰잖아요."

"아빠는 제게 가끔 남자다워지라는 말을 해요. 전 여자지만 그게 무슨 말인지 알아요. 아빤 제가 강인해지길 바라시는 거예요."

아무도 이 아이들에게 여자가 된다는 것이 어떤 의미인지 말해주지 않았다. 생리를 하고 신체가 변하고 결혼을 하고 출산을 하게 된다는 사실만 알려주었을 뿐이다. 그래서 나는 아이들에게 '여자가 된다는 것'

의 의미가 무엇이라고 생각하는지 과감하게 물어본다. 그러면 아이들은 잠시 생각하다가 갑자기 대답을 쏟아낸다. 놀라운 대답을 말이다.

여자가 된다는 것
강인해지는 것

자신에 대한 확신이 생기는 것

적극성을 띠는 것

다른 사람의 말에 휘둘리지 않는 것

다른 사람이 어떻게 생각하든 크게 신경 쓰지 않는 것

자신이 원하는 건 무엇이든 될 수 있는 것

몸무게에 신경 쓰지 않는 것

매사추세츠 퀸시의 우드워드학교(Woodward School)에서 열린 모녀회의에서 똑같은 질문을 하자 열세 살 애비가 이렇게 답했다.

"여자가 된다는 것이 그런 거라면 전 그렇게 되고 싶어요. 그러면 다른 사람이 나를 쳐다보는 것에 신경 쓰지 않을 테고, 내가 다른 모습으로 변해야 한다는 생각을 하지 않게 되겠죠. 자신감이 있을 테니까요…… 있는 그대로의 내 모습에 대해서요. 남이 무슨 말을 하든지 내 생각과 내 몸에 대해 확신이 있을 테니까요."

"그런데 왜 그렇게 못 되는 걸까?"

내가 물었다.

"쉽지 않은 일이니까요. 남이 어떻게 생각하든 신경 쓰지 않고 내 몸매가 어떻든 자신감을 갖는다면 좋겠다는 생각은 할 수 있어요. 하지만 제가 그러면 사람들은 잘난 척한다고 할걸요."

"자신감 넘치는 것이 잘난 척하는 거라고?"

"모두에게 그렇다는 게 아니고요, 여자아이가 자신감에 넘치면 그렇게 본다는 말이에요."

사춘기가 없으면 좋겠어요

•

여자아이들에게 사춘기는 가혹한 시기다. 몇 년 사이에 (그 시간이 때로는 며칠처럼 느껴지기도 한다) 신체에 너무 많은 변화가 생긴다. 가슴이 커지고 음모와 겨드랑이 털이 자라며 생리가 시작된다. 키와 몸무게도 눈에 띄게 증가한다. 여자아이의 몸무게가 사춘기 때 11~18킬로그램 늘어나는 것은 지극히 정상적이고 건강한 현상이다. 하지만 몸무게 1킬로그램을 마치 1톤처럼 여기는 사회에서 허리띠나 브래지어 끈 길이가 늘어나는 것은 사회적으로 불행해지는 일이 될 수도 있다.

10대들이 사춘기에 일어나는 신체 변화를 거북하게 느끼고 자신감을 잃는 것은 자연스러운 현상이다. 이 감정은 몸무게 강박증과는 전혀 다르다. 많은 자료에 따르면 미국에서 사춘기 여자아이의 절반 이상이 몸무게 강박증의 영향을 받는다고 한다.

사회에서뿐만 아니라 여자아이 스스로도 성장 과정을 살찌는 것과 관련짓는 때가 많다는 사실이 문제다. 온라인 설문조사의 선두 주자 판게아 미디어(Pangea Media)에서 10대들을 대상으로 신체에 대한 시각과 선호도를 조사했다. 조사 결과는 다음과 같다.

* 나는 몸무게가 너무 많이 나간다 → 60%
* 나는 내 몸매를 연예인과 비교한다 → 59%
* 내 외모나 몸매 중 마음에 안 드는 부분은 바꾸거나 고치고 싶다
  → 50% 이상

아이들은 내가 사춘기에 대해 물어보면 갑자기 입을 다물거나 피식 웃으며 눈길을 피한다. 리나가 특히 그런 반응을 보였다. 리나는 열두 살 때 '당찬 여학생 모임'에 가입해 2년 동안 활동하고 있었는데, 모임 첫해에 내게 이런 말을 했다.

"빨리 사춘기가 되었으면 좋겠어요. 그러면 어른이 될 거 아니에요!"

사춘기를 지나본 적이 없는 소녀다운 말이다. 그러던 리나가 이듬해에는 상당히 달라졌다. 포니테일로 묶고 다니던 긴 머리카락을 잘라 손질했고, 굴곡이 생긴 몸은 헐렁한 티셔츠로 가리기 시작했다.

"사춘기가 없었으면 좋겠어요."

리나가 시무룩한 표정으로 말했다.

"왜 그렇게 생각하니?"

"기분이 이상해요. 땅만 쳐다보게 되고 지금의 내 모습은 내가 아닌 것 같아요. 뭐라 설명하기가 힘들어요."

"지금 네 모습이 '이게 아닌데' 싶은 거니?"

"맞아요. 지금 모습이 정말 싫어요. 사람들이 저만 쳐다보는 것 같아요. 예전에는 사춘기가 되면 어른이 된 기분일 줄 알았어요. 하지만 안 그래요. 괴물이 된 기분이에요. 그동안 너무 많이 먹었나봐요. 이제 맞는 옷도 없고 친구들 중에서 제 덩치가 제일 커요."

"네 나이에 몸무게가 늘어나는 건 정상이라고 얘기했던 거 기억하지?"

"네. 하지만 그게 뚱뚱해진다는 의미인 줄은 몰랐어요."

사춘기 여자아이의 신체에 대한 진실과 그 아이의 머릿속에 자리한, 완벽한 신체에 대한 환상 사이에는 분명한 간극이 존재한다. 여자아이들은 몸매에는 어떤 틀이라는 것이 있어 자신을 그 틀에 맞추어야 하며, 그렇지 못하면 사회에 부적합한 존재가 될 거라고 믿게 된다. 사회 · 경제적 계층이나 인종에 상관없이 여자아이들은 갈수록 갸름해지는 틀에 자신을 맞추려고 애쓴다.

자신의 몸에 만족하지 못하면 여학생은 그것을 바꾸기 위해 무슨 짓이든 할 수 있다. 옥스퍼드대학교 시절 대니라는 친구가 그랬다. 대니는 금빛을 띠는 빨강 머리에 얼굴이 작고 무슨 일에든 열정적인, 무척 사랑스러운 친구였다. 하지만 대니는 과에서 자기가 제일 뚱뚱하다는 말을 늘 하고 다닐 만큼 지나치게 몸매를 의식했다. 나는 그런 대니가 이상했다. 대니는 실제로 뚱뚱하지 않았고 기껏해야 66사이즈로 보였기 때문이다. 그러다가 대니가 턱관절 수술을 받는다는 소식을 들었다. 이 수술은 환자가 원할 경우 하게 되는 '선택적 수술'의 일종으로, 하지 않는다고 해서 생명에 지장이 있는 것은 아니지만 미용을 위해서 하는 성형수술도 아니었다.

대니가 턱 수술을 받고 몇 달이 지나 우리 집에 놀러 왔을 때 나는 깜짝 놀랐다. 여름이 끝나갈 무렵이라 수영을 하려고 옷을 갈아입은 대니의 몸매가 사춘기 이전의 소녀처럼 앙상하게 말라 있었기 때문이다. 나를 더 어이없게 만든 건 대니가 무척 흥분해 있다는 점이었다.

"턱 수술은 일종의 핑계였어."

"그게 무슨 뜻이야?"

"그러니까, 그 수술을 정말 할 필요는 없었는데 하고 싶었단 말이지. 내 배를 봐. 완전 홀쭉해졌잖아!"

대니는 뱃살이라고는 찾아볼 수 없는 배를 탁탁 쳤다.

"하루에 700칼로리밖에 못 먹었어. 살면서 이런 몸매를 가져본 적은 처음이야. 앞으로도 이 몸매를 유지할 거야. 이제야 사람들이 나를 알아봐주는 것 같다니까."

10대 소녀들은 살을 빼려고 수많은 시도를 하는데 '선택적 수술'도 그 가운데 하나다. 18세 미만의 청소년이 복부지방제거술이나 지방흡입술 같은 성형수술을 받으려면 부모의 동의를 받아야 한다. 그래서 자연스럽게 선택적 수술을 택한다. 한동안 음식을 먹지 못하기 때문에 체중 감량 효과가 있다는 점을 노리고 말이다.

그런데 요즘은 미용 목적의 성형수술을 자녀에게 허락하거나 적극 권하는 부모가 갈수록 많아지고 있다. 미국 미용성형협회에 따르면 미용 성형수술을 받는 18세 이하 청소년 수가 10년 사이 세 배 이상 증가했다고 한다. 게다가 보톡스, 박피, 지방 분해 레이저 등 칼을 대지 않는 시술이 다양해지면서 이런 서비스를 이용하는 사람들은 더욱 증가하는 추세다. 이런 수술은 쉽게 받을 수 있고 비용 부담도 크지 않기 때문이다.

더 걱정스러운 건, 여학생들이 부모를 속이고 성형수술을 하고 있을 뿐 아니라, 살을 빼기 위해 극단적이고 위험한 방법들을 시도하고 있다는 점이다.

굶어라, 완벽한 몸매를 위하여

•

너무 많은 10대들이 아무렇지 않게 단식을 생활화하고 있다. 영국에서 전국의 청소년을 대상으로 실시한 조사에 따르면 14~15세의 여학생 중 무려 40%가 아침을 거르거나 물만 마신다. 하지만 체질량지수(BMI)로 따졌을 때 조사 대상자의 12%만 과체중으로 나타났다. 그럼에도 50% 이상의 여학생이 살을 빼야 한다고 답했다.

열여덟 살 소녀 메이시도 마찬가지였다. 열여덟 살은 여학생이 사회에 나갈 준비를 하며 활기를 띠는 나이다. 하지만 메이시는 며칠 굶은 사람처럼 퀭한 눈에 창백한 얼굴빛을 하고 있었다. 알고 보니 실제로 며칠 동안 굶었다고 했다.

"저는 개인 사물함 안에 무지 뚱뚱한 여자애 사진을 붙여놓고 그 밑에 이렇게 써놨어요. '먹고 싶은 대로 먹으면 이렇게 된다.' 무엇을 먹느냐에 따라 몸이 달라지잖아요."

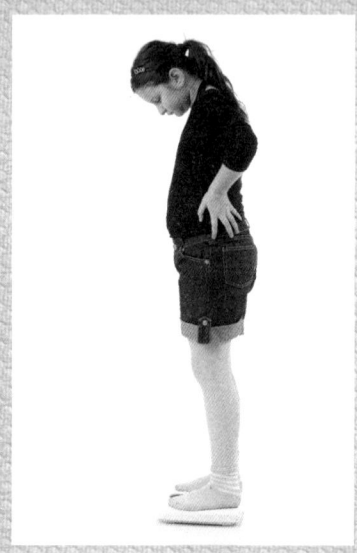

"엄마는 제 나이에 몸무게가 늘어나는 건 당연한 일이래요.
하지만 우리 학교 여자애들한테 그런 말은 통하지 않아요.
전 여름 동안 3킬로그램이 늘었는데 그런 제 자신이 괴물 같아요."

_열세 살 할리

"그래서 넌 무얼 먹는데?"

"설탕이 안 들어간 다이어트 젤리를 먹어요. 그게 할리우드 스타들의 몸매 비결이래요. 그걸 몇 그릇 먹고, 저칼로리 야채 스프도 먹었더니 진짜 배가 부르더라고요. 요즘은 다이어트 젤리만 먹고 있는데, 변이 초록색인 것만 빼면 정말 좋은 다이어트법 같아요."

"얼마나 오랫동안 다이어트 젤리만 먹은 거니?"

"6주간 먹었는데 7킬로그램 뺐어요. 정말 괜찮지 않아요?"

살을 빼야 한다는 여학생들의 강박은 폭식 후 먹은 걸 모두 토해내는 방법까지 쓰게 하고 있다. 폭식증은 짧은 시간에 약 3,000칼로리의 음식을 먹어치우는 것을 말하는데, 몇 시간 만에 수만 칼로리의 음식을 먹어치우는 사례도 있다고 한다. 이렇게 엄청난 양의 음식을 먹은 뒤에는 죄책감, 불안감, 자기혐오감 때문에 화장실로 달려가 억지로 구토를 하거나 설사제를 상습 복용하는 것이다.

초콜릿 맛 설사제

●

지난여름, 큰 키에 마른 체형의 열여덟 살 소녀 아드리아나와 스타벅스에서 만났다. 아드리아나는 아이스커피를 마시며 자신의 이야기를 시작했다.

"제 친구들은 커피라면 환장을 해요. 그게 뉴잉글랜드에서 유행하는 다이어트법 중 하나예요. 커피는 이뇨작용이 탁월하잖아요. 칼로리도 거의 없으니 브라우니를 먹는 것보다 훨씬 낫죠. 하긴 브라우니도 제대로 만들면 훌륭한 이뇨제가 되더라구요."

"브라우니가 이뇨작용을 한다니, 무슨 뜻이니?"

"기숙사 친구들이 남자애들을 골탕 먹이려고 초콜릿 맛이 나는 고형 설사제로 브라우니를 만들더라고요. 먹고 나면 어떨지 아시겠죠? 그래서 요즘은 여자애들이 일부러 브라우니를 그렇게 만들어 먹어요. 한 마디로 브라우니를 맘 편하게 먹을 수 있단 말이죠."

"너도 먹어봤니?"

"친구하고 한번 만들어봤어요. 설사를 심하게 하고 싶진 않아서 설사제는 아주 작게 잘라 넣었어요. 그 브라우니를 먹고 처음에는 괜찮았어요. 화장실을 자주 들락거렸지만 기분은 좋았어요. 그날 밤 파티에 갈 생각이었는데 배가 좀 홀쭉해지겠다 싶었거든요. 그런데 결국은 심한 탈수 증세 때문에 우리 둘 다 병원 신세를 지고 말았어요."

아드리아나 같은 여학생들은 자기 몸에 가하는 그런 행동이 몸에 해롭다는 사실을 안다. 하지만 '뚱뚱한 것'도 건강에 해롭다는 주장으로 그런 행동을 정당화한다. 한 10대 여학생은 음식을 거의 먹지 않고 설사제까지 복용해 22킬로그램을 뺐다고 내게 말한 적이 있다.

"설사제가 몸에 좋지 않다는 건 알아요. 저도 바보는 아니니까요. 하지만 음식을 먹으면 바로 내보내고 싶어져요. 다시는 뚱뚱해지고 싶지 않거든요. 뚱뚱한 건 제 정신에도 몸에도 좋지 않아요."

또한 담배도 많이 피우기 시작했다고 한다.

"줄담배를 피우면 음식을 안 먹게 되거든요."

예전에는 여학생들이 멋지게 보이려고 담배를 피웠다. 템플대학교에서 실시한 조사에 따르면 18~24세 여성 가운데 20%가 담배를 피우며, 대부분은 살이 찌는 것이 두려워 담배를 끊지 못한다고 한다. 하지만 캐나다 암협회의 지원을 받아 몬트리올대학교에서 실시한 조사에 따르면 담배를 피운다고 해서 그렇지 않은 여학생보다 살이 더 잘 빠지는 것은 아니라고 한다. 방금 언급한 여학생 이야기는 10대들이 얼마나 광적으로 날씬해지고 싶어 하는지 보여주는 씁쓸한 사례의 하나다. 어찌나 광적인지 뚱뚱하게 사느니 폐암이나 심장병으로 죽을 수 있는 위험마저도 감수하려고 한다.

내 딸도 섭식장애?

1. 식사 습관이 불규칙하다.

한꺼번에 많은 음식을 먹고 금방 자리를 뜬다.

2. 음식을 깨작거린다.

3. 먹는 양을 제한한다.

4. 짧은 기간에 몸무게에 큰 변화가 있다.

10대는 신체가 변하고 몸무게가 늘어나는 시기인데 오히려 급격하게 줄었다면 위험

신호일 수 있다.

5. 몸무게가 줄어든 후에도 몸을 감추려고 한다.

실제로 뚱뚱하지 않은데도 스스로 뚱뚱하다고 느낄 때 이런 행동을 한다.

6. 음식을 감춘다.

자기 방 침대 밑이나 옷장 안에 많은 양의 음식을 감추어둔다. 음식을 보관한 곳이

나 냉장고에서 음식이 사라진다.

7. 다른 사람과 같이 있을 때 먹지 않으려 한다.

음식을 먹지 않으려고 "이미 먹었어요."라든가 "배가 아파요." 같은 말을 한다.

8. 운동을 강박적으로 한다.

섭취한 만큼의 칼로리를 빼려고 운동을 한다. 하루에도 몇 차례씩, 또는 기진맥진할

때까지 운동한다. 소모된 칼로리, 몸무게, 신체 치수 등에 집착한다.

9. 식사를 계속 거른다.

10. 몸무게에 따라 자존감이 달라진다.

먹는 것을 참으면 자신을 좋게 말하고 참지 못하고 먹으면 부정적으로 말한다. 자신

이 정한 칼로리보다 더 많이 먹으면 자신을 비난한다.

11. 분명히 저체중인데도 자신이 과체중이고 뚱뚱하다고 불평한다.

12. 몇 달 연속 생리가 멈췄다.

몸무게가 급격히 줄어들면 생리가 멈출 수 있다.

13. 자기 몸에 대해 부정적인 생각을 한다.

몸무게와 외모 이야기가 나오면 부정적인 태도를 보인다.

14. 화장실에서 많은 시간을 보낸다. 구토를 하거나 설사제를 복용한다는 신호

일 수 있다.

심각한 약물 복용

•

더욱 심각한 것은 근육을 늘리고 날씬해지기 위해 스테로이드제나 다이어트 약을 복용한다는 점이다. 정부와 대학들의 다양한 연구 조사에 따르면 여고생 스무 명 가운데 한 명, 여중생은 열네 명 가운데 한 명꼴로 아나볼릭 스테로이드(근육 증강제)를 한 번 이상 복용한 적이 있다. 심지어는 아홉 살 여자아이들도 스테로이드제가 몸무게와 지방을 줄이는 데 도움이 된다고 생각한다.

아나볼릭 스테로이드를 복용하는 여학생의 수는 꾸준히 증가하는 추세이다. 미국 질병관리본부(Center for Disease Control and Prevention)가 실시한 '청소년 건강 위험 행동 실태 조사'에 따르면 여고생 가운데 5%가 날씬하고 탄력 있는 몸을 만들기 위해 스테로이드제를 복용하는 것으로 나타났다.

스물한 살인 리사는 가수 비욘세처럼 날씬하고 매력적인 몸을 만들고 싶어 열다섯 살 때부터 일주일에 두 번 스테로이드제를 복용했다.

"비쩍 마른 것보다는 강인하고 섹시한 몸을 만들고 싶었어요. 그런데 친구가 스테로이드를 먹으면 몸무게를 빨리 줄이고 매력적으로 보일 수 있다는 거예요. 혼자라면 무서워서 먹지 못했을 텐데, 친구가 있어서 용기를 냈죠. 덕분에 이렇게 멋진 몸매가 되었어요."

열여덟 살 앨리샤는 키 165센티미터에 55사이즈의 몸매를 가진 소녀였는데, 살 빼는 약을 먹고 있다고 했다.

"한동안은 순수 카페인 정제를 복용했어요. 손쉽게 구할 수 있는 거잖아요. 엄마는 어린애가 커피를 마시는 건 좋지 않다고 하셨지만, 카페인이 신진대사를 촉진한다는 말에 계속 그 알약을 먹었어요. 죄책감이 들었지만 한동안 효과는 있었어요. 그러다가 살 빼는 약에 손을 댔죠. 덱사트림하고 그 밖에 여러 가지요. 너무 손쉬운 방법이었어요."

살 빼는 약을 먹는 건 정말 손쉬운 방법처럼 보인다. 마트에 가서 카트에 쏙 담은 후 집에 와 입 안에 털어 넣으면 되니까 말이다. 미네소타 대학교에서 중고생을 대상으로 실시한 연구 프로젝트 결과에 따르면 살 빼는 약을 복용하는 여고생 비율이 지난 5년 사이 7.5~14.2%로 약 두 배 증가했다. 이 조사에 참여한 열아홉 살과 스무 살 여성 가운데 살 빼는 약을 복용한 여성의 비율은 20%였다.

앨리샤는 이렇게 말했다.

"그 약을 먹으면 밥을 안 먹어도 배가 불렀어요. 정말 좋더라고요. 그리고 제산제(위산 과다로 위가 쓰릴 때 먹는 약)도 먹었어요. 그런 약을 어디서나 쉽게 구할 수 있다는 걸 부모님들은 몰라요. 미성년자에게 다이어트 약을 파는 친구나 언니도 있고, 인터넷 사이트에서 직접 구할 수도 있어요."

"그 약이 몸에 나쁘다는 건 생각하지 않았니?"

"친구가 브라질에서 보내주는 약이 굉장히 세긴 해요. 미국에선 판매 금지거든요. 이제 그만 먹어야 하나 싶기도 하지만 전 정말 그러기 싫거든요. 심장에 안 좋을 수는 있을 것 같아요. 제 담당 의사한테는 복용 사실을 말하지 않는데 짐작은 할 것 같아요. 하지만 비만도 심장에 안 좋긴 마찬가지잖아요……."

스스로를 학대하는 아이들

●

매사추세츠에서 만난 멀리는 거리낌 없이 자신의 다이어트 비법을 말해주었다.

"오늘 미적분 시간에 배에서 꼬르륵 소리가 나는 거예요. 그래서 오늘도 쳤죠. 위를 탁탁 치면 꼬르륵 소리가 안 나요. 가끔은 책 모서리나 연필 끝에 달린 지우개로 위가 있는 부분을 찌르는데 그것도 효과가 있어요."

"그러면 안 아프니?"

멀리는 히죽 죽었다.

"그게 중요해요. 위가 너무 아파서 먹고 싶은 생각이 안 들거든요. 전 그런 식으로 9킬로그램을 뺐어요. 뭐, 지금까지는요."

나는 멀리 같은 아이가 많지 않을 줄 알았다. 하지만 다른 여학생들에게 그런 적이 있는지 물어보았을 때 다투어 제 경험을 늘어놓는 바람에 충격을 받았다.

"제 친구는 허리에 고무 밴드를 차고 음식 생각이 날 때마다 밴드를 잡아당겼다가 탁 놓아요. 부은 자국이 몇 달 내내 있더라고요."

"우리 언니는 배고플 때 손톱으로 다른 손톱 밑을 찔러요."

"아랫입술을 꽉 깨물면 입술이 너무 아파서 먹고 싶은 생각이 안 들어요."

스테파니라는 여자아이는 이런 말을 했다.

"저는 혀에 피어싱을 했는데, 사람들이 그걸 보고 제가 고스(goth,

1980년대에 유행한 록 음악으로 가사에 종말, 죽음, 악에 대한 내용이 담겨 있다)
추종자거나 완전 날라리인 줄 알더라고요. 하지만 그게 아니었거든요.
저는 전혀 그렇지 않아요."

"그럼 피어싱 한 진짜 이유가 뭐니?"

"솔직히 말하면 덜 먹기 위해 한 거예요. 뚱뚱한 여자애는 되고 싶지
않았거든요. 그 무렵 전 더그라는 남자애한테 홀딱 빠져 있었는데 언
니가 자극 좀 받으라며 1년 전에 입던 제 수영복을 주더라고요. 그런데
그게 안 들어갈 만큼 제가 뚱뚱해져 있는 거예요. 살을 빼기 위해 별별
짓을 다 했지만 효과가 없었어요. 그래서 피어싱을 한 거예요."

"피어싱이 살 빼는 데 도움이 되었니?"

"피어싱을 하고 세균에 감염되는 바람에 너무 아파서 먹질 못했어
요. 관리를 잘 안 해서 그런 거지 일부러 감염되게 한 건 아니에요. 그
냥 피어싱을 의식하고 싶었어요. 그게 먹지 말아야 한다는 걸 상기시켜
줄 거라 생각했거든요. 어쨌든 음식을 못 먹게 되기는 했어요."

"애초에 네가 바라던 방식은 아니었던 거구나."

"따지고 보면 더 효과적이었죠. 11킬로그램을 뺐으니까요! 감염으로
생긴 상처는 제겐 '전쟁의 상처'와 같아요. 그게 저보고 계속 날씬하고
싶으면 먹지 말라고 일깨워주거든요."

내 딸이 살을 빼기 위해 계속 자기 몸을 학대한다면 어떻게 도와야
할까? 명쾌한 해결책은 없다. 하지만 그것을 성장의 한 과정으로 치부
해서도 안 된다. 딸에게 관심을 기울이고, 도움을 줄 자세가 돼 있어야
하며 딸을 위해 시간을 내야 한다. 자기 몸을 비난하는 딸이 다른 곳에

서 잘못된 도움을 받게 하지 말아야 한다.

동병상련이라는 말이 있다. 스스로 괜찮은 존재라고 느끼지 못하거나 날씬하지 않다고 느끼는 수많은 아이들이 사이버 공간에서 활동한다. 그 아이들은 블로그와 트위터 활동을 통해 자신과 비슷한 사람들을 찾는다. 일부 유명한 다이어트 블로그와 웹사이트는 거식증이나 폭식증이 있는 여자아이들이 만들며 그런 증상을 겪는 여자아이들 사이에 인기가 있다. 이들은 저체중이라는 목표를 위해 서로 격려하고 돕는다.

많은 여자아이들이 이런 웹사이트나 인터넷 카페에서 소속감과 존재감을 느끼며 살빼기와 병적 섭식장애에 대한 사례와 조언을 공유한다. 이러한 사이트들은 비정상적으로 마르고 싶은 욕망을 충족시키고 정당화해주는 매개체다. 이런 '동호회'에 가입한 여자아이는 자신이 혼자가 아니라고 생각하게 된다. 끊임없이 힘을 얻고 조언을 받으며 고무되기 때문이다. 음식을 먹을지 토할지 망설이는 한밤중에도 말이다. 그리고 이럴 때 대부분 토하는 게 좋다는 조언을 받는다.

내가 이 책을 쓰는 6개월 동안 이러한 블로그들의 회원 수가 세 배로 늘어났고 일부 블로그의 회원 수는 네 배로 늘어났다.

여자아이 혹하게 하는, 인터넷 사이트의 조언들

●

부모들은 딸이 학교에서 어떻게 생활하는지는 알아도 인터넷 공간에서 어떻게 활동하는지는 잘 모른다. 여자아이들은 인터넷 공간에서 가장 솔직하게 자신의 감정을 털어놓을 뿐 아니라, 의학적으로 부적절한 조언을 스펀지처럼 흡수하고 받아들인다. 한 어머니가 내게 이런 편지를 보냈다.

"열네 살 된 딸애가 친구 다섯 명을 집에 데려온 적이 있어요. 그 애들은 인터넷을 하며 놀았는데 한 애가 이렇게 말하는 거예요. '먹고 싶은 대로 먹고도 살 안 찌는 법을 알려주는 사이트가 있어. 그냥 목 안으로 삼키지만 않으면 된대.' 그리고 이틀 후 저는 딸애가 케이크 한 조각을 먹고 싱크대에 그대로 뱉은 것을 봤어요."

이러한 조언은 빙산의 일각일 뿐이다. 마우스를 한 번 클릭하기만 하면 '거식증 지지 웹사이트'와 관련된 검색 결과가 1,900만 개 이상 뜬다. 당신의 딸이 쉽게 접할 수 있는, 인터넷에 올라온 조언들의 예를 여기에 옮겨보겠다.

한때 거식증 지지자들의 원칙을 열심히 지켰다가 이제는 거식증에서 회복 중인 열일곱 살 베카가 해준 얘기다.

"가장 오래 굶는 사람이 영웅이 되는 거예요. 거기서는 남들 모르게 굶는 방법을 아주 많이 알려줘요."

음식을 먹지 않는 방법

— '사과 한 개'처럼 하루에 먹을 음식 한 개를 정한다. 그것을 여덟 조각으로 나눈다. 아침에 두 조각, 점심에 두 조각, 저녁에 두 조각, 간식으로 두 조각 먹는다. 이렇게 하면 사과 한 개만 먹는 것인데 몸은 하루에 네 번 먹는다고 생각한다.

"예전에 거식증과 심한 우울증을 겪었어요.
고등학교 가서 몇 년간은 괜찮았는데,
3학년 때 폭식을 하면서 몸무게가 엄청 불었고
그 사실을 받아들이지 못했어요.
지금은 폭식증과 우울증을 앓고 있어요."

_ 열아홉 살 타미

— 끈적거리는 립글로스나 챕스틱을 바르면 음식을 먹을 때 신경이 몹시 쓰여서 먹는 것을 두 번 생각하게 된다.

— 음식을 너무 먹고 싶다면 강한 박하 향 치약으로 양치를 한다. 입 안에 남은 박하 향 때문에 음식 생각을 접을 수 있다.

— 어떤 음식을 아주 좋아한다면 그것을 먹고 포장지를 보관해둔 다. 그리고 배가 고플 때 그 냄새를 맡는다.

— 식전에 식초를 두 숟가락 먹는다. 식초는 지방을 배출한다.

— 하루 먹고 이틀 단식한다. 즉, 하루 동안 300칼로리의 음식을 먹 고 이틀 동안 단식한다. 단식을 하면 몸속과 정신이 깨끗해진다. 뿐 만 아니라 슈퍼우먼 같은 힘과 능력이 생기는 기분이 든다!

— 종이를 먹는다. 최대한 많이 씹을 수 있다. 칼로리는 거의 없다.

— 먹을 때 거식증 지지 관련 비디오를 본다. 그 이미지를 보면 다시 는 음식을 먹고 싶은 생각이 안 든다.

자신을 자극하는 방법

— 가장 좋아하는 모델 사진을 가지고 다니면서 배가 고플 때마다 꺼내 본다.

— 음식이 너무 먹고 싶다면 텔레비전을 켜서 마르고 멋진 여배우나 모델이 나오는 방송을 본다. 그러면 먹고 싶은 생각이 싹 사라진다.

— 끈을 준비한다. 살을 뺐을 때 되고 싶은 허리 사이즈만큼 자른다. 이것을 팔찌처럼 팔목에 묶는다. 끈을 볼 때마다 목표가 생각나서 먹는 것을 자제할 수 있다. 그리고 자극을 받고 싶을 때마다 끈을 풀

어서 허리에 맞는지 대본다.

부모님과 친구를 속이는 방법

━ 다른 사람과 식사할 때는 물을 마시는 척하며 불투명한 컵에 음식을 뱉는다. 상대가 모르게 컵을 비우는 것이 중요하다.

━ 컴퓨터 옆에 접시나 지퍼락을 감춰둔 뒤 숙제 때문에 방에서 저녁을 먹겠다고 한다. 부모님이 음식을 가져오면 감춰둔 접시나 지퍼락에 옮겨 담고 15분 후에 빈 그릇을 갖다 준다. 그 음식은 부모님 모르게 버리면 된다.

━ 다른 사람들과 연예인 이야기를 할 때 마른 몸매보다는 통통한 몸매의 연예인을 칭찬한다. 그러면 사람들은 당신이 비쩍 마르기 위해 굶는다고는 생각지 못할 것이다.

━ 학교나 병원에서 체중을 잴 때는 실제보다 더 나가 보이게 해야 한다. 동전을 종이로 잘 싸서 머리에 넣고 틀어 올린다. 장신구도 가능한 한 많이 하고, 진료실에 들어가기 직전 물을 잔뜩 마신다.

딸의 자존감을 높이는 5가지 방법

●

우리는 딸이 건강한 방법으로 몸매를 바꾸기를 바란다. 그리고 딸이 있는 그대로의 자기 모습을 사랑하기를 바란다. 하지만 딸이 다른 사람들에게 부정적이고 모욕적인 말을 듣는다면 살을 빼고 싶어 하는 딸에게 뭐라 할 수 있을까? 딸에게 자신감이라는 방패는 아직 형성 단계에 있고 자신을 지키는 갑옷은 여기저기 금이 가 있다.

딸의 행동을 바꾸고 싶다면 바로 우리 자신의 태도를 바꾸면 된다. 우리가 딸을 비난하지 않고 지지해주는 것이다. 딸이 자존감을 높일 수 있게 도와주는 몇 가지 방법을 소개하겠다.

1. 딸이 매일 자신을 긍정적으로 말하게 한다

우선 자신에 대한 긍정적인 말을 몇 가지 떠올려보라고 한다. "나는 예쁘다." "나는 똑똑하다." "나는 친구가 많다." 등등. 이 말을 매일 거울을 보며 반복해서 말하게 하자.

2. 다른 사람에게 부정적인 말을 들었을 때 어떻게 맞받아칠지 가족과 함께 연습한다

이런 연습을 하다 보면 실제 그런 상황에 부닥쳤을 때 상대를 무력하게 만드는 말을 할 수 있다.

3. 딸이 자기 자신에 대해 마음에 드는 점을 한 가지 이상 찾아서 감사를 표현하게 한다

예를 들어, "엉덩이가 볼록해서 감사해요." 같은 식이다. 진부한 방법 같지만 효과가 있다.

4. 이모나 사촌 자매들, 엄마의 친구 등과 함께 '내가 좋아하는 너의

'특징'을 딸에게 말해주는 게임을 해보자

가끔은 다른 사람이 나에 대해 좋게 생각하는 부분을 알기만 해도 자신을 바라보는 부정적인 시각을 지울 수 있다.

5. 딸이 자신에 대해 내뱉는 부정적인 말을 기록해보자

하루 동안 "난 너무 못생겼어." "뚱뚱해 보여." 등 부정적인 생각을 얼마나 하는지 알아보기 위해서다.

긍정적인 말과 긍정적인 대답을 해주면 딸들은 스스로를 격려할 줄 알게 되고 자신과 가장 친해지며, 든든히 무장한 기분으로 세상에 나갈 수 있을 것이다.

Body Image Quotient ;
√아이의 혼잣말로 판단하기

Q1 내 딸은 거울을 보면서 이런 혼잣말을 자주 한다.

    A 제발 살 좀 빼! 역겨워!

    B 살을 좀 빼면 좋겠지만, 지금도 나쁘진 않아.

    C 음, 역시 멋져 보여.

Q2 내 딸은 친구들에게 "너 정말 멋있어."라는 말을 많이 듣는다.

    A 절대 아니다. 친구들 중 자신의 외모가 가장 떨어진다고 말한다.

    B 몇몇 친구들에게 그런 말을 듣는다.

    C 그렇다. 대부분의 친구에게 그런 평가를 듣는다.

Q3 내 딸은 허벅지, 가슴, 배 등에 살이 너무 많다고 생각한다.

    A 거울을 보면서 늘 그렇게 말한다.

    B 항상 그렇지는 않고 종종 그렇게 생각한다.

    C 지금의 몸매도 괜찮다고 생각한다.

Q4 내 딸은 다이어트 약이나 설사약 복용, 구토 등의 방법으로 다이어트를 한 적이 있다.

    A 다 해보았다! 살을 뺄 수 있다면 뭐든 하려고 한다.

    B 몇 가지는 해보았지만 오랫동안 하지는 않았다.

    C 그런 적 없다.

Q5 내 딸은 자신의 몸에 불만이 많고 그것을 말로 표현한다.

    A 그렇다. 몸은 물론 자기 자신을 비하하는 부정적인 말도 자주 한다.

    B 자주는 아니고 가끔 하는 정도다.

    C 거의 하지 않는다. 오히려 자신에 대해 좋은 말을 한다.

A (각각 1점)	B (각각 2점)	C (각각 3점)	총점

• **Body Image Quotient,** 즉 BIQ란 자기 몸에 대한 의식이나 생각을 판단해보는 것으로, 무조건 마른 몸을 강조하는 사회에서 내 딸이 얼마나 바로 설 수 있는지 판단하는 기준이 된다. 각 질문에 대한 총점을 통해 내 아이가 자기 몸에 자신감 있는 사람이 되어가고 있는지, 아니면 조언과 격려가 필요한 상태인지를 알아볼 수 있다.

Part 02

엄마는 딸의
거울이다

중학교 2학년 때의 일이다. 여름 캠프에서 돌아온 나에게 엄마가 "허벅지가 두꺼워졌네."라는 말씀을 하셨다. 엄마는 나의 가장 든든한 지원군이었고, 한 번도 몸매에 대해 부정적인 말을 한 적이 없기 때문에 그날 역시 아무 뜻 없이 하신 말씀이었을 것이다. 어쩌면 점점 살이 찌고 있는 사춘기 딸의 모습을 다듬어지지 않은 표현으로 솔직하게 말씀하신 것일 수도 있다. 하지만 내게는 "넌 너무 뚱뚱해!"라는 말로만 들렸다.

엄마의 말은 딸에게 엄청난 영향을 끼친다. 특히 음식과 몸무게에 대해 딸에게 어떤 식으로 말하느냐에 따라 딸의 자아상과 식습관이 달라질 수 있다. 10대 여자아이들이 마른 몸을 원하는 것은 '엄마는 내가 살찌는 걸 싫어해'라는 생각과 관련이 있다고 한다. 다시 말해 딸들은 엄마의 기대에 부응하고 싶어 한다. 영국에서 가장 잘 팔리는 10대 잡지 〈슈거(Sugar)〉에서 여학생 512명을 대상으로 조사를 했는데 그중 6%의 여학생에게 섭식장애가 있었다. 하지만 엄마가 다이어트 중인 여학생들만 모아놓고 볼 때 그 비율은 10%로 올라갔다. 엄마들은 딸이 자신의 말을 한 귀로 듣고 한 귀로 흘려버린다는 말을 많이 한다. 그렇지 않다. 딸은 엄마가 하는 말을 항상 고스란히 흡수한다.

열아홉 살인 세이지는 다섯 살 때 엄마가 한 말을 아직도 기억하고 있었다.

"다섯 살 때 할머니 댁에서 여름을 보냈어요. 그때 제가 무척 말랐기 때문에 할머니는 살이 좀 붙어야 한다며, '대체 네 엄마는 너한테 뭘 먹인 거냐?'라는 말씀을 많이 하셨어요. 그런데 할머니 댁에서 두 달을 보내고 엄마에게 갔을 때 엄마가 저를 보자마자 이러셨어요. '어쩌다 이렇게 살이 쪘니? 대체 뭘 먹은 거야?' 그때부터 저는 걱정을 달고 살았어요."

엄마와 딸, 누가 문제일까?

●

부모로서 자신에게 솔직해져보자. 몸무게가 많건 적건 상관없이 딸의 몸이 의학적으로 문제가 있는지 판단해야 한다. '마른 몸'이 '건강함'과 항상 같은 뜻이 아니듯 '살찐 몸'이 '건강하지 못함'과 같은 의미는 아니다. 다른 문제를 생각하기에 앞서 우선 자신에게 질문해보자. 내 딸의 몸무게가 진짜 심각한 수준인 걸까, 아니면 나와 주변 사람들의 기준으로 볼 때 문제인 걸까? 다음의 열 가지 질문이 그것을 판단하는 데 도움이 될 것이다.

1. 내 딸은 건강한가?
2. 내 딸은 행복한가?
3. 내 딸은 학교생활과 과외 활동을 잘 하고 있는가?
4. 내 딸에게는 좋은 친구들이 있는가?
5. 내 딸은 성실하고 자신만의 확고한 가치관을 갖고 있는가?
6. 내 딸의 몸무게를 창피해하는 사람은 내 딸인가 나인가?
7. 내 딸은 몸무게 때문에 다른 사람에게 무시당한다고 느끼는가? 아니면 딸이 그렇게 될까봐 내가 두려워하고 있는가?
8. 딸이 살을 뺀다면 그 애가 더 기뻐할까 내가 더 기뻐할까?
9. 내 딸은 살쪘다고 불평하는가?
10. 내 딸의 몸무게는 딸에게 문제가 되는가, 아니면 내게 문제가 되는가?

만약 딸의 몸무게에 더 신경 쓰는 사람이 엄마라면 엄마가 바뀌어야 한다. 우선, 음식과 몸무게에 대해 말하는 방식을 바꾸거나 그런 말 자체를 하지 말아야 한다. 예를 들어, 딸에게 초코케이크와 과일 한 조각의 차이점을 알려줄 필요가 없다. 그 정도는 딸도 다 안다. 자기 몸매와 몸무게에 대해서도 속속들이 알고 있을 것이다. 잘 아는 사실을 지적하는 건 도움이 안 된다.

열세 살 브리타니의 엄마가 해준 말은 내가 이 연구 조사를 시작하면서 수도 없이 들은 얘기이다.

"브리타니가 약간 과체중인데 계속 살이 찌면 어쩌죠? 사람들이 놀리지나 않을지, 건강에 문제가 생기지 않을지 걱정돼요. 살찌면 어떻게 되는지도 말해주고 밖에 나가 달리기라도 해보라고 하면 딸은 짜증을 내요. 제가 어떻게 해야 할지 모르겠어요."

나의 조언은 이렇다.

딸의 옷 사이즈, 또는 몸무게를 언급하거나 지적하지 마세요.

딸이 긍정적이고 몸에 좋은 음식을 선택할 줄 알며, 건강하고 재능도 갖고 있다면 왜 몸무게에 연연해야 하는가? '도브 자존감 회복 재단(Dove Self-Esteem Fund)'의 글로벌 대사이자 저자인 제스 와이너는 내게 이런 말을 했다.

"여자애들은 부모님에게 '있는 그대로의 네 모습이 예뻐. 넌 고칠 부분이 없어'라는 말을 듣고 싶어 해요."

나는 그동안 수많은 여성에게 10대 시절 자신의 몸무게, 또는 몸에 대한 생각과 관련해 어떤 기억이 떠오르는지 물었다. 대답 내용은 전반적으로 비슷했다. 이 여성들은 가족이 자신을 좋아했던 기억 아니면 부끄러워했던 기억을 떠올렸다.

얘, 살 좀 빼라

•

엄마는 딸을 키우면서 딸이 그 무엇에도 상처받지 않기를 바라고, 또 아무도 딸에게 상처 주지 못하게 한다. 엄마는 자라는 딸의 포근한 안식처로서 딸을 심리적으로 편안하게 해주어 '엄마만 있으면 아무 문제가 없다'는 생각을 하게 해주는 것이다. 딸이 사춘기에 접어들면 엄마가 예상치 못할 만큼 몸무게가 늘어날 수 있다. 엄마는 그런 딸의 모습에, 또는 놀라는 자신 때문에 당황할지도 모른다. 하지만 딸은 몸무게가 느는 것도 싫은데 엄마마저 자신을 수치스러워하는 듯한 태도를 보이면 최악의 기분에 빠진다. 가장 기대던 사람이, 자신을 가장 소중하고 귀한 존재로 믿게 해준 사람이 자신을 비난할 때 어떤 기분일지 상상해보라. '당찬 여학생 모임'의 소녀들은 엄마에게 들은 비난의 말을 슬프고 분한 어투로 고백했다.

"너 살 좀 빼야 돼."
"그만 좀 먹어라."
"너도 뚱뚱해지는 건 싫잖아!"
"네 친구들 중에 네가 제일 뚱뚱하더라."
"봐, 네 허벅지가 엄마보다 두꺼워."

나는 이 부분과 관련해 10대 소녀들과 성인 여성들을 인터뷰했다. 엄마에게 그런 말을 들었을 때 이들은 모두 화가 났고 혼자라고 느꼈으며 좌절감과 소외감을 느꼈다고 했다. 심할 경우 자신을 쓸모없는 존재라고 느끼기도 했다. 이 여성들의 엄마는 "네가 건강한 음식을 먹고 건강한 선택을 해서 더 가치 있는 삶을 살았으면 좋겠어."라고 말하고 싶었는데 "살을 빼지 않으면 살 가치가 없어지는 거야."라고 내뱉었을지도 모른다.

예전에 44사이즈 모델이었던 서른두 살 줄리엣은 몸무게에 유난히 민감한 동네 비벌리힐스에 산다. 줄리엣이 엄마에게 들은 말은 간단명료했다. 바로 "넌 뚱뚱해."였다. 운동을 좋아하고 건강했던 줄리엣에게 체중이 문제가 된 적은 전혀 없었다. 항상 축구장에서 이리저리 뛰어다니며 칼로리를 소모했기 때문이다. 하지만 전직 모델이었던 엄마는 그렇게 생각하지 않았다고 한다.

"엄마는 제가 열네 살 때부터 먹는 것을 감시했어요. 저를 평균보다 마른 몸매로 만들어 미인대회에 출전시키기 위해서였죠. 엄마는 늘 식사량을 제한하거나 저열량 식단을 짜주었고, 툭하면 '그건 먹으면 안 돼, 너 살찌고 있어'라는 말을 했어요."

그런 말을 자꾸 듣다 보니 줄리엣 스스로도 자신이 뚱뚱하다고 생각해 다른 방법에 의존했다. 바로 마약 복용이었다. 줄리엣은 열다섯 살에 모델이 되었고 열여덟 살에 모델 전속 계약을 맺었다. 그리고 그즈음 매일 코카인을 했다. 하지만 만족스러울 정도로 말라본 적은 없다고 했다.

"제가 살쪘다고 생각하지 않은 날이 하루도 없었어요."

"엄마는 자신의 말 때문에 딸이 마약에 손댔다는 사실을 아세요?"

"열세 살 때 가족들과 바비큐 파티를 했어요.
할머니가 고기 좀 더 먹으라고 권하자 엄마가 재빨리
'앤 더 안 먹어도 돼요'라고 하시는 거예요.
아직 배가 고프고 많이 먹지도 않았다고 했더니,
엄마가 제 셔츠를 들추고는 배를 찰싹 때리며
'이것 봐봐, 많이 먹었잖아'라고 하셔서 정말 창피했어요."

_ 열아홉 살 피오나

"전혀요. 만약 아셨다면 쓰러졌을걸요."

엄마라면 마른 몸에 집착하는 이 사회에서 딸이 받을지 모를 비난과 상처로부터 딸을 보호하고 싶어 한다. 어쩌면 딸이 좀 더 '정상적'으로 보이도록 살을 빼기를 바랄 수도 있다. 예방 차원에서 잔소리를 하고 딸의 식습관과 운동, 옷차림 등을 감시할지도 모른다. 엄마는 자신이 하는 말들이 딸에게 도움이 될 거라 생각한다. 하지만 그런 말들은 딸에게 자기 불신을 키우는 씨앗이 될 수 있다. 자기 불신이 없어야 온전히 건강한 여성이 되는데 말이다. 이런 엄마는 딸의 장점과 능력을 키우는 것이 아니라, 딸의 자존감을 무너뜨리고 딸의 자아상을 일그러뜨린다. 이렇게 되면 딸은 인정에 굶주린 여학생이 되어버린다. 특히, '너는 별로야'라고 말하는 머릿속 목소리들을 부인해줄 거라 믿었던 사람의 인정에 굶주리게 된다. 그 사람은 바로 엄마다.

열여섯 살 크리스틴은 예전에 내게 이런 말을 했다.

"엄마는 제가 열여덟 살이 되면 가슴확대수술과 지방흡입수술을 시켜준다고 했어요. 전 엄마가 그 말을 하기 전까진 제게 성형수술이 필요한지 몰랐어요. 지금은 거울을 볼 때마다 그 말이 생각나요."

몸무게에 큰 문제가 있는 여대생 455명을 대상으로 스탠포드대학교에서 연구 조사를 한 결과, 80% 이상이 어린 시절에 부모님이 자신의 몸을 부정적으로 말하는 것을 들었다고 한다. 하버드대학교에서 실시한 조사를 봐도 자녀의 성장하는 신체에 대해 부정적인 말을 하는 부모가 많다. 조사 대상 어린이들 가운데 부모님이 자신의 몸무게를 언급한다고 말한 어린이가 23%였다. 그리고 부모님이 살빼기를 권한다고 말한 어린이는 25%, 다이어트 중인 부모를 둔 어린이는 30%였다.

대학 입시를 준비 중인 열여덟 살 엘렌은 이런 말을 했다.

"열 살 때 소프트볼 경기를 하다가 3루타를 쳤어요. 기분이 최고였죠. 그런데 경기가 끝나고 엄마를 만났을 때 그런 기분이 싹 가셨어요. 엄마가 '딸, 네 배 좀 어떻게 해야겠다. 그 큰 배를 출렁이며 베이스를 돌 때 사람들이 얼마나 웃었는지 아니?'라고 말한 거예요. 저는 '앞으론 절대 소프트볼을 하지 말아야겠다'는 생각이 들었어요."

엄마의 말은 딸의 마음에 차곡차곡 쌓여 성인이 된 후에도 딸의 머릿속에서 반복 재생된다. 딸의 머릿속에 각인된 이 음성과 영상들은 딸이 그동안 영화관이나 인터넷에서 본 어떤 영상보다 생생하고 영향력이 강하다. 한번 생각해보자. 오늘 내 딸의 머릿속에 어떤 말이 새겨질 것 같은지!

이래도 문제 저래도 문제

●

그렇다면 엄마는 완벽한 존재여야 하는 걸까? 세 아이의 엄마인 그레이스도 그런 고민에 빠졌다.

"엄마로서 애들을 망치지 않으려면 지켜야 할 원칙이 너무 많아요. 아이가 뚱뚱해지도록 방치해선 안 되지만 몇 킬로그램 찐 걸로 짜증을 내서도 안 돼요. 몸에 좋은 건강 음식을 먹게 해야 하지만 항상 그것만 강요하면 안 되고, 가끔은 아이가 먹고 싶은 것도 먹게 해줘야 해요. 아이에게 운동을 좋아하도록 가르쳐야 하지만, 너무 강조하면 아이가 '엄마는 내가 살쪘다고 생각하나봐'라고 받아들일 수도 있으니 조심해야 하고요. 저도 좀 이해받고 싶어요. 전 완벽한 엄마일 때도 있지만 형편 없는 엄마일 때도 있어요. 하지만 모든 게 항상 엄마 잘못이 되죠."

나도 안다. 딸이 먹고 싶은 대로 먹게 내버려두면 나쁜 엄마가 되는데, 딸에게 도움을 주려고 해도 나쁜 엄마가 된다. 가시밭길과 절벽 중 어느 쪽을 골라 헤쳐나가든 몸에는 상처를 입을 수밖에 없는 상황과 같다. 그러니 엄마들이 혼란스러워하는 것은 당연하다.

하지만 아이는 엄마가 무심코 던진 말이나 엄마와의 관계에서 느꼈던 감정을 어른이 된 뒤에도 계속 떠올린다. '당찬 여학생 모임'의 소녀들에 따르면, 몸에 대해 부정적인 시각을 갖게 된 요인은 길고 긴 잔소리가 아니라 엄마나 다른 사람이 무심코 한 번 내뱉었지만 마음에 각인된 말 때문이라고 한다.

열일곱 살 조지아는 중학교 1학년 때 합창단 공연 당시 있었던 일을 들려주었다.

"합창단원들이 길게 늘어서서 노래를 했는데, 공연이 끝나자 엄마가 '1학년 여자애들 중에 네가 제일 크더라!' 하시는 거예요. 그건 저도 이미 알고 있었어요. 친구들 중에 제가 제일 먼저 생리를 했거든요. 그래서 그 점에 유난히 민감했죠. 엄마는 별 뜻 없이 한 말일 수도 있어요. 제가 뚱뚱한 애는 아니었거든요. 하지만 그날 저는 마치 코끼리가 된 기분이었어요."

조지아의 엄마는 '키다 크다'는 의미로 그렇게 말한 걸까? 그럴 수도

있다. 하지만 조지아는 내가 캠프에서 돌아왔을 때 그랬듯 그 말을 '뚱
뚱하다'는 의미로 받아들였다.

엄마들을 대상으로 상담이나 강연을 할 때면 항상 비슷한 말을 듣
는다.

"아무 뜻 없이 한 말이에요."

"제 딸은 왜 그렇게 민감한 걸까요?"

엄마가 "청바지 허리춤이 너무 낮은 것 같다."라고 말하면 딸은 "네
엉덩이가 너무 큰 것 같다."라고 받아들인다. 엄마가 "제 딸은 아주 똑
똑해요!"라고 말하면 딸은 "제 딸이 얼굴은 별로예요."라고 받아들인다.

그렇다. 아무리 엄마가 칭찬을 해도 자존감과 자신감이 부족한 10대
딸은 그 말을 확신하지 못한다. 열아홉 살 테일러도 그런 경험을 했다.

"저는 사람들에게 다리 예쁘다는 칭찬을 정말 많이 들었어요. 그런
데 사람들이 엄마 앞에서 제 다리를 칭찬할 때마다 엄마는 '다리가 중

Say What?

딸이 외출하려고 티셔츠를 입고 나왔는데, 옷이 너무 작아서 살이 다 보이려 한다.

No "어머, 얘! 배 다 보이잖아! 얼른 갈아입어."

Good "와, 예쁘다! 그런데 그 옷보단 지난주에 산 티셔츠가 더 예쁠 것 같
은데 어떠니?"

요한 게 아니고 우리 딸은 똑똑하고 상냥하다니까요'라고 말하곤 했어요. 그래서 저는 엄마가 제 외모나 다리를 예쁘게 생각하지 않는다고 여겼어요."

그러던 어느 날 테일러는 엄마에게 "왜 항상 긴 치마를 입니?"라는 질문을 받았다.

"엄마는 긴 치마 때문에 제 예쁜 다리가 덮인다고 했어요. 엄마가 제 몸에 대해 좋게 말한 건 그때가 처음이었어요. 제가 그 말을 하자 엄마는 깜짝 놀라더라고요. 엄마는 제가 엄마 말에 얼마나 영향을 받는지 전혀 몰랐던 거예요. 저도 엄마가 저를 예쁘게 생각한다는 걸 그때까지 몰랐어요."

10대 딸은 사춘기에 두 가지 상반된 욕구를 느낀다. 독립적인 존재가 되기를 간절히 바라면서도 엄마에게 인정받고 싶어 하는 것이다. 따라서 엄마는 딸을 인정해주는 동시에 독립적으로 성장할 수 있도록 가르쳐야 한다.

딸과 의사소통 문제를 겪지 않으려면 딸이 몸에 대해 어떤 생각을 갖고 있는지 솔직한 대화를 나누어야 한다. 특별히 시간을 낼 필요는 없다. 기회가 생길 때마다 그런 말을 하면 된다! 예를 들어 같이 보는 드라마의 여주인공이 외모나 몸매에 대해 어떤 말을 언급하면 그에 대해 어떻게 생각하는지 자연스럽게 물어보거나, "이 잡지에 나온 에센스 광고 좀 봐. 넌 이걸 어떻게 생각하니?"라고 물어본다. 딸과 대화를 시작하기 위해 이 책의 내용을 이용해도 좋다. 이런 식으로 말이다.

"엄마가 지금 살을 빼려고 매일 다이어트 젤리만 먹는 여학생에 대한 이야기를 읽고 있어. 넌 그걸 어떻게 생각하니? 너도 한번 읽어볼래?"

엄마, 먹어도 돼요?

•

엄마가 통제를 많이 하면 딸은 음식에 대해 큰 혼란을 느끼게 된다. 즉, 이 음식을 먹어도 되는지 먹지 말아야 하는지 스스로 판단하지 못할 뿐 아니라, 엄마가 싫어하는 음식을 먹고 난 뒤에는 토하거나 설사약을 먹어야 하는 게 아닐까 걱정하며 불안해한다.

앨리아나는 어린 시절부터 청소년기까지 여러 차례 미인대회에 나갔다. 그런데 어느 순간, 자신이 엄마가 먹으라고 한 음식만 먹고서 반항의 뜻으로 음식을 토해내고 있음을 자각했다고 한다.

"엄마는 '저녁에 빵은 먹지 마라'라는 말이나 '점심에 샐러드만 먹어. 그리고 가족과 저녁 먹을 때도 샐러드만 먹어라'라는 말을 늘 했어요. 엄마는 제가 다른 가족이 먹는 음식을 절대 못 먹게 했어요. 그건 너무 혼란스럽고 끔찍했죠."

패션 잡지사에서 일하는 30대 여성 콜린은 행사 음식 요리사였던 엄마에게 식습관을 심하게 통제 당했다. 엄마가 그럴수록 콜린은 몰래 더 많은 음식을 먹었다고 한다.

"엄마가 행사 음식을 준비할 때 도와주다 보면 배가 무지 고팠거든요. 그런데 엄마는 '미트볼은 먹지 말고 샐러드를 먹어'라고 했어요. 그러면 저는 엄마 앞에서는 샐러드를 먹고 엄마 몰래 미트볼까지 먹었어요. 결국은 음식을 두 배로 먹었던 거예요."

레이첼 시먼스는 여자아이가 자신의 몸을 제대로 통제하려면 우선 스스로 먹는 것을 조절할 줄 알아야 한다며, 다음과 같이 덧붙였다.

"여자아이들은 배가 고픈 건지, 아니면 화가 나거나 외롭거나 슬픈 건지를 알아야 해요. 감정을 표현하는 기술이 없으면 그것을 먹는 걸로 표현하는 습관이 생길 수 있어요."

즉, 엄마가 너무 간섭을 하면 딸이 지금 배고픈지 그렇지 않은지 스스로 파악하는 능력을 빼앗을 수 있다. 그렇게 되면 딸이 음식에 대해 결정을 내릴 때 확신을 갖지 못하도록 가르치는 결과가 된다. 또한 기본적이고 자연스러운 습성인 먹는 행위를 즐기면 안 되는 것으로, 음식을 나쁜 것으로 가르치게 되며 더 심하게는 딸이 뚱뚱해지면 실망스러운 존재가 된다고 가르치게 된다.

많은 엄마들이 딸의 몸무게에 간섭하는 이유가 딸의 건강을 위해서라고 믿고 있다. 하지만 아이들은 그렇게 생각하지 않는다. 건강 운운하는 것은 핑계일 뿐이라고 생각한다. 건강은 겉으로 보이는 것이 전부가 아니다. 딸의 마음 상태도 건강과 관련이 있다. 내 딸은 자신을 어떻게 생각하고 있을까? 자신의 몸에 대해 어떤 스트레스를 받고 있으며, 자기 자신을 얼마나 가치 있게 여기고 있을까?

엄마가 딸이 먹는 음식을 통제하면 딸은 무기력증에 빠지고 혼란스러워한다. 이때부터 딸은 과식을 시작하고 언제 그만 먹어야 하는지 남이 알려줘야 수저를 놓는 상태가 될 수 있다. 아니면 많이 먹는 것이 두

"엄마는 늘 제가 먹는 음식으로 저를 평가하는 것 같아요.
엄마 마음에 드는 음식을 먹으면 '잘했어'라고 속삭이곤 했는데
그럴 땐 A를 받는 기분이었어요. 하지만 감자튀김이나 아이스크림처럼,
엄마의 기준에서 벗어난 걸 먹으면 F를 받는 기분이 들었어요."

_ 열여섯 살 노엘

려워 아주 적은 양만 먹을 수 있다. 이도 아니면 먹고 싶은 대로 다 먹고 나서 토하는 방법을 택할 수도 있다. 딸은 엄마가 먹는 것을 통제할 때 그 권리를 되찾고자 방법을 찾는다. 어찌 보면 심각한 모순이다. 그러는 과정에서 섭식장애가 생기거나 과식, 폭식, 구토, 몸을 혹사할 정도의 운동을 하게 된다. 이렇게 되면 엄마가 아무리 저열량 음식을 만들어 먹여도 딸의 건강엔 아무 도움이 안 된다.

어디까지 통제할 것인가

●

몸에 나쁘다고 평가받는 음식은 많다. 아이들은 이런 음식을 먹으면 자신 역시 나쁜 아이가 되고, 그 대가로 뚱뚱한 아이가 되는 거라고 단정해버린다. 예전에 비행기 안에서 케리라는 여대생 옆에 앉은 적이 있다. 큰 키에 마른 몸매를 가진 케리는 방학을 마치고 대학교로 돌아가는 길이었다. 내가 이런 책을 쓰고 있다고 말하자, 케리는 자기도 10대 때 엄마한테 심한 통제를 받았다고 했다.

"그때 엄마는 제가 먹는 음식의 양은 물론 지방 함유량, 칼로리까지 다 쟀어요. 밥 먹을 때마다 얼마나 스트레스를 받았는지 차라리 굶는 게 더 마음 편했어요. 그런데 대학에 들어와 엄마와 떨어지고 나니 어떻게 해야 할지 모르겠어요."

아이들이 먹고 싶은 것을 다 먹게 내버려두면 어떤 음식이 몸에 좋은 것인지 선택하는 능력을 잃게 된다. 반대로 아이들에게 어떤 음식을 못 먹게 하고 그것을 먹었을 때 실망한 표정을 짓고, 모든 음식의 칼로리를 계산하는 등 일일이 잔소리를 한다고 해보자. 그러면 아이들은 먹는 것에 대해 수치심이나 죄책감을 갖게 되고 심지어는 두려움과 좌절감까지 느끼게 된다. 그러니 엄청난 딜레마일 수밖에 없다.

엄마가 자신이 정한 기준을 강압적으로 따르게 하면 딸은 자기 몸을 자기 것으로 느끼지 못하고, 마치 엄마의 몸인 것처럼 느끼게 된다. 열세 살 소녀가 내게 편지를 보냈는데 거기에 모든 것이 함축된 문장이 담겨 있다.

"가끔은 엄마가 제 몸을 엄마 거라고 생각하는 것 같아요. 전 그게 너무 싫어요."

우리는 딸에게 '너는 자제력이 있는 애니까, 네 몸과 건강에 대해 스스로 판단할 수 있다고 믿어'라고 가르쳐야 한다. 그러면 딸은 친구 집

Say What?

딸이 아이스크림콘 하나를 다 먹었는데, 더 먹고 싶어 한다면?

No "그래, 하나 더 먹고 뚱뚱해져라."

Good "가끔은 먹고 싶은 대로 먹는 것도 좋아. 하지만 아이스크림을 한 번에 많이 먹는 건 몸에 안 좋아. 지금 말고 이번 주 중에 엄마가 또 사줄게. 어때?"

에 있거나 집에서 먼 대학에 다니거나 혼자 여행을 하는 등 엄마가 옆에 없어도 스스로 판단을 잘 하게 된다.

또한 우리는 부모로서 딸이 자신의 능력을 알아차리게 도와주어야한다. 뿐만 아니라 딸이 자기 몸의 신호에 귀를 기울이고 음식을 긍정적으로 대하도록 도와주어야 한다.

예를 들어, 10대 딸이 캐러멜마키아토처럼 칼로리가 너무 높은 디저트 커피를 마실 때 엄마는 어떻게 해야 할까? 딸이 그 커피를 어쩌다가 마신다거나 기분이 좋아지려고 선택한 거라면 잔소리를 하지 말아야한다. 하지만 그 커피를 습관적으로 마신다면 부드러운 태도로 간섭해야 한다. 더 좋은 식습관은 무엇인지, 건강한 선택이라는 측면에서 캐러멜마키아토가 좋은 선택인지 딸과 대화하면서 말이다. 이때, 뚱뚱하고 날씬한 것을 주제로 해서는 안 되며 딸의 건강과 내면의 힘에 초점을 맞춰서 이야기해야 한다.

날씬한 엄마 vs 뚱뚱한 딸

●

172센티미터의 키에 미인형인 애니는 침착한 표정으로 열세 살 때의 이야기를 들려주었다.

"그때 저는 매일 밤 자기 전에 기도를 했어요. 다음 날 일어나면 엄마와 좀 더 비슷한 모습이 되어 있게 해달라고요. 여동생은 엄마를 닮아서 자그마한 체구에 말랐는데, 저는 아빠를 닮아서 건장한 편이었어요. 엄마는 여자애가 너무 크고 뼈대가 굵으면 안 예쁘다며 늘 저를 못마땅하게 여겼어요."

애니는 엄마가 시키는 각종 다이어트를 해야 했다. 유행하는 모든 다이어트 방법이 다 동원되었다.

"엄마는 제게 맞는 다이어트 방법을 찾기 위해 혈안이 돼 있었죠. '난 네 나이 때 몸무게가 그 정도로 나간 적이 없어'라는 엄마의 말을 들을 때마다 전 제가 엄마를 닮지 않아 비정상적이라고 생각했어요. 엄마는 77사이즈인 저를 55사이즈로 만드는 데 필요하다고 생각하는 말과 행동을 서슴지 않았어요. 엄마는 제 건강을 위해서라며 늘 새로운 다이어트나 운동을 시켰어요. 그런데 여동생한테는 전혀 그러질 않았어요. 왜 차별하느냐고 물어보면 엄만 '인생이 항상 공평한 건 아니야. 다 널 위해서 그러는 거야'라고 했어요."

어느 날부터 애니 엄마는 그날 먹은 음식을 다이어리에 모두 적으라고 시켰다.

"엄마는 월요일마다 제 몸무게를 쟀어요. 현실을 직시하고 한 주를 시작하라는 뜻으로요. 그리고 몸무게 변화 과정을 기록하면서 성에 안 차면 혀를 찼어요. 전 엄마를 실망시키는 게 너무 싫었어요. 제 몸무게가 엄마한테 얼마나 중요한지 잘 알고 있었으니까요."

하지만 애니는 늘 배고프고 화가 났다. 그래서 언제부터인가 음식을 몰래 챙겨 와 방에 숨겨두었다.

"시리얼 상자를 몰래 가져와 다 먹고 상자는 가방에 숨겼다가 학교에 가서 버렸어요."

그러다 몰래 과자 먹는 걸 엄마에게 들켰다.

"엄마는 노골적으로 못마땅한 표정을 지었어요. 지금도 그 표정이 생생히 기억나요. 수치스럽고 역겹고 실망스럽고 화난다는 표정이었어요. 그래서 전 화장실로 가 토했어요. 엄마는 따라 들어와 '먹으면 안 되는 걸 먹으면 어떻게 해야 하는지 이제 똑똑히 알았겠지. 그래, 토하는 게 훨씬 낫다'라고 했어요. 그 뒤로 엄마가 좋아하지 않는 음식을 먹으면 늘 토했어요."

아무리 해도 딸의 체중이 줄지 않자 애니의 엄마는 직접 다이어트를 하는 척했다.

"엄마는 새로운 운동을 시작했다느니, 다이어트 중이라느니 하며 저에게 같이 하자고 했어요. 엄마를 기쁘게 해주기 위해 따라 하긴 했지만, 효과를 본 적은 한 번도 없어요."

애니는 대학에 들어가 엄마와 떨어져 살면서 살이 빠지기 시작했다. 별다른 노력을 하지 않았는데도 말이다.

"제 몸무게에 대해 별로 생각하지 않았는데도 살이 빠졌어요. 저를 감시하는 사람이 없어서 그런 것 같아요."

애니는 봄 방학을 맞아 집에 갔을 때 엄마와 쇼핑을 갔다가 우연히 엄마의 친구를 만났다고 한다.

"엄마 친구가 '어머, 네 딸이 널 점점 빼닮는다. 키만 너보다 더 크네!'라고 하자 엄마가 환하게 웃었어요. 마침내 소원을 이룬 거죠. 하지만 전 전혀 기쁘지 않았어요."

본 대로 배운다

●

딸은 자신이 먹는 음식의 종류나 양에 대해 엄마가 잔소리하지 않아도 늘 엄마의 반응을 관찰한다. 엄마가 음식과 몸무게 때문에 괴로워한다면 딸도 그 사실을 알기 마련이다.

열여덟 살 헤일리는 이런 말을 했다.

"엄마는 음식 때문에 불행했어요. 밥을 먹고 나선 늘 후회했고, 냉장고에 있는 음식을 몽땅 쓰레기통에 버리곤 했어요. 엄마가 '넌 배불러, 배불러, 배불러'라든가 '먹지 마. 갖다 버려'라고 계속 중얼거리는 걸 자주 들었어요. 엄마는 뭐든 행복하게 먹은 적이 한 번도 없어요."

하지만 헤일리는 자신이 체질적으로 날씬하게 타고나서 엄마와 같은 문제를 겪지 않은 것 같다고 말했다.

"여름에 수영장 같은 데 가면 엄마는 사람들에게 제 몸매를 자랑하곤 했어요. 엄마는 제가 엄마처럼 지긋지긋한 문제로 씨름하지 않아도 돼서 행운이라고 했어요. 그리고 자기 몸이 정말 싫다고도 했어요."

엄마가 하는 행동도 딸에게 영향을 준다. 음식, 살빼기, 운동을 대하는 태도와 자기 자신에 대한 경멸의 말 모두 딸에게 영향을 준다.

서른두 살 로즈메리는 열두 살 때부터 살을 빼려고 안 해본 일이 없었다. 심지어 단식까지 해보았지만, 시간이 지나면 몸무게가 다시 예전 상태로 돌아갔다.

"저는 평생 다이어트를 하다 말다 하다 말다를 반복했어요. 그런데 최근 남편이 저에게 다이어트 좀 그만하라고 하더라고요. 저의 행동이

일곱 살인 딸 조렌에게 나쁜 영향을 준다는 거예요. 남편 말로는 딸과 슈퍼마켓에 가서 시리얼을 사려고 하자 딸이 '나 지금 다이어트 중이야'라고 하더래요. 또 이다음에 좋은 남편 만나려면 날씬해야 한다는 말도 했대요. 그 얘기에 정신이 번쩍 들었어요. 딸이 그 말을 누구한테 듣고 배웠겠어요."

한번 진지하게 되짚어보자. 나는 먹을 것을 대할 때 어떻게 했는가? 몸무게에 대해 어떤 말들을 했는가? 나의 식습관은 어떠한가? 밥을 먹을 때 깨작거린다거나 밥을 먹고 나서 후회하는 말을 한 적은 없는가? 엄마가 음식과 자신의 몸무게, 자신의 몸을 어떻게 생각하는가는 딸이 음식과 살빼기를 어떻게 인식하느냐에 커다란 영향을 끼친다. 열네 살 재클린은 내게 이렇게 말했다.

"엄마는 항상 비만이었고, 그런 자기 몸을 혐오했어요. 그리고 늘 저에게 자기처럼 되지 말라고 신신당부했고요. 작년에 제 몸무게가 4.5킬로그램 늘었을 때, 의사는 정상이라고 했지만 전 엄마처럼 될까봐 두려웠어요."

열다섯 살 안토니아는 엄마가 어디를 가든지 애써 전신 거울을 외면한다는 사실을 알아차렸다.

"엄마한테 그 이유를 물었더니 '흉한 그림을 보고 싶지 않으면 그걸 무시해버리면 되잖아, 안 그러니?'라고 했어요. 저는 엄마 닮았다는 말을 많이 듣는데, 예전엔 그게 칭찬으로 들렸지만 지금은 그런 말을 들으면 움찔해요."

여러 조사 결과를 보면 엄마가 자기 몸매에 부정적일수록 딸도 자기 몸매를 부정적으로 바라볼 확률이 높다고 한다. 심지어 세 살에서 다섯 살에 이르는 어린아이들도 그렇다. 특히 몸무게에 집착하면서 딸의 식습관에 간섭하는 엄마는 딸이 몸무게에 과도하게 집착하도록 만들 수 있다.

자신을 '풍만한 괴짜'라고 부르는 열여섯 살 릴리는 내게 이렇게 말했다.

"엄마는 제게 뚱뚱하다는 말을 한 번도 한 적이 없어요. 제 앞에서는요. 하지만 엄마는 항상 거울을 보면서 자신이 살을 빼야 한다는 말을 했어요. 그런 말을 들으면 저도 제가 뚱뚱하다는 생각이 들더라고요."

"엄마가 혼자 하는 말을 듣고 어떻게 그런 생각을 한 거니?"

"제가 엄마보다 덩치가 더 컸거든요."

나는 페이스북을 통해 많은 여학생과 성인 여성들에게 '몸매에 대한 당신의 생각에 엄마가 어떤 영향을 끼쳤나요?'라고 물었다. 그리고 흥미로운 답을 많이 받았다.

"엄마는 항상 자신이 뚱뚱하다고 불평했어요. 엄마는 66사이즈고 저는 77사이즈니까 엄마가 저보단 날씬한 거잖아요. 그래서 엄마한테 물었어요, 엄마가 뚱뚱하면 나는 뭐가 되느냐고요. 그러자 엄마는 '엄만 네가 아니라 나에 대해 얘기하는 거야'라고 대답하더라고요. 엄만 제 말 뜻을 이해하지 못해요." _ 열일곱 살 앨리슨

"엄마는 거울 앞에 서서 숨을 들이마시고 손으로 배를 납작하게 누르곤

했어요. 그러곤 저를 보며 '지방흡입술을 받으면 배가 쏙 들어가겠지?' 라고 물었어요. 또 뒤쪽 허벅지 살을 집어서 더 날씬해 보이게 만들기도 했어요. 그런데 지금 제가 거울 앞에서 그러고 있어요. 엄마가 그런 모습을 보여주지 않았더라면 좋았을 것 같아요." _ 스물한 살 케이트

"엄마는 항상 저희를 위해 음식을 만들었지만 본인은 그 음식을 먹지 않았어요. 그러니까 저도 그 음식을 먹으면 안 된다는 생각이 들더라고요." _ 열다섯 살 시드니

나는 생기 넘치는 수다쟁이 조와 이 책에 대해 이야기를 나눈 적이 있다. 그때 조는 열네 살 때 엄마를 위해 생일 케이크를 직접 만든 이야기를 들려주었다.

"케이크는 정말 근사했어요! 전 케이크 위를 예쁘게 장식하고 오레오 쿠키 가루도 뿌렸어요. 저녁을 먹고 식탁을 치운 뒤에 엄마에게 케이크 선물을 내밀었죠. 엄마는 깜짝 놀랐고 정말 기뻐했어요. 그런데 케이크를 잘라서 식구들에게만 나눠주고 엄마는 먹지 않았어요. '엄마가 케이크 안 먹는 거 알지? 이건 먹으면 바로 허벅지 살로 가거든! 하지만 너희는 맛있게 먹어라. 너희가 다 먹어 치워야 해!'라고 하더라고요. 케이크를 먹긴 했지만 기분이 영 그랬어요."

우리는 딸이 음식을 두려워하지 않고 즐기면서 먹을 수 있게 가르쳐야 한다. 여성은 음식에 대해 너무나 많은 죄책감을 느낀다. 그래서 "이 과자는 먹지 말았어야 했는데……." "월요일부터 살 뺄 거야." 같은 말

을 한다. 엄마가 무심코 내뱉는 이런 말들은 딸에게 그대로 반영된다.

케이크는 밀가루, 버터, 설탕, 향료로 만들어진 음식일 뿐이다. 이게 뭐가 그리 두려운가? 우리는 케이크 한 조각을 먹으면서도 건강할 수 있다는 사실을 딸에게 보여주어야 한다. 한 조각 먹는다고 어떻게 되지는 않는다.

친밀하지만, 잘못된 모녀 관계

●

엄마와 딸은 그 어떤 관계보다 친밀한 사이다. 모녀는 한 번의 눈빛, 미소, 포옹만으로도 그런 감정을 느낀다. 특히 음식과 몸무게가 공통의 관심사라고 느끼면 딸은 엄마를 더욱 가깝게 여긴다. 열여섯 살 펠리스와 엄마가 그런 사이였다.

"엄마와 저는 외식할 때마다 언제나 샐러드만 먹어요. 그리고 우리가 어떻게 살을 빼야 하는지를 얘기해요. 저는 그런 이야기를 엄마하고만 해요."

엄마가 몸무게 고민을 딸과 나누고 싶어 하는 것은 딸과 친밀해지고 싶어서이다. 그런데 이것이 자칫 잘못하면 서로에게 유해한 정서적 의존관계를 형성할 수도 있다. 나는 이것을 '모녀 동호회(mother-daughter club)'라 부른다.

이 개념은 이렇게 생각해보면 된다. 엄마와 딸이 항상 나누는 대화가 음식, 몸무게, 사이즈 이야기뿐이라고 해보자. 그럴 경우 딸은 그 관계의 부정적인 영향에서 벗어나기 힘들다. 딸은 상처 주는 관계가 아니라 친밀한 관계를 원한다. 엄마와 딸은 서로에게 가장 민감한 부분을 끄집어내지 않도록 조심해야 한다. 엄마와 딸이 대화를 나눌 때, 특히 몸매와 몸무게를 화제로 올릴 때 대화가 비판적인 방향으로 흐른다면 두 사람은 '모녀 동호회'의 정식 회원이라 할 수 있다.

스물두 살 앨리샤의 꿈은 뉴욕에서 연극배우로 활동하는 것이었다. 앨리샤는 10대가 되면서 엄마와 잘못된 정서적 의존관계에 접어들었다고 했다.

"엄마랑 있을 때는 꽉 끼는 77사이즈 청바지를 끙끙대며 입어도 전혀 부끄럽지 않았어요. 엄마도 저처럼 덩치가 컸거든요. 엄마는 제가 벽을 짚고 있는 동안 청바지를 제 엉덩이 위로 올려주곤 했어요. 그리고 제가 숨을 최대한 깊이 들이마시는 사이 단추를 잠가주었죠. 엄마나 저나 특대 사이즈 옷은 안 입으려 했거든요. 우리는 다이어트를 위해 헬스클럽도 같이 다녔고, 살이 안 빠져 같이 울기도 했어요. 엄마와 저는 서로를 잘 이해했어요."

앨리샤의 엄마는 딸을 지지해주기도 했지만 낮은 자존감과 살 빼는 데 혈안이 된 삶의 방식을 딸에게 고스란히 물려주기도 했다. 앨리샤의 엄마는 청소년기부터 그런 방식대로 살았을 것이다. 지난 수십 년간 진행된 다양한 연구 결과에 의하면 엄마가 살을 뺀 경험이 있거나 현재 살을 빼는 중일 때 딸도 결국 살을 빼며 음식을 부정적으로 생각할 가능성이 높다. 건강하지 못한 방법으로 살을 빼는 엄마를 둔 다섯 살짜리 딸은 그렇지 않은 엄마를 둔 딸에 비해 몸무게 걱정을 유난히 많이 하며, 다이어트에 대해 또래 아이들보다 두 배 더 많이 아는 경향이 있다고 한다.

앨리샤는 내게 이렇게 털어놓았다.

"저는 스스로 살을 빼야겠다고 느껴서 다이어트를 한 게 아니에요. 그저 엄마가 다이어트를 하니까 저도 따라 한 거죠. 그리고 어느 순간부터 엄마와 함께 있으면 살을 얼마나 빼야 하나, 그런 얘기만 끊임없이 하게 되었어요. 저는 엄마와 저녁 먹으러 가서도 몸무게 얘기만 하고, 산책을 할 때나 늦은 밤 아이스크림을 먹으면서도 몸무게 얘길 해요. 다 좋지 않은 생활 방식이죠. 특히 저한테는 더 그렇고요. 그렇게 느껴질 즈음 엄마와 건강한 관계를 이어가려면 뭔가 다른 방법이 필요하다는 생각이 들었어요."

푸른색 눈에 체구가 자그마한 미카일라는 사춘기를 겪으면서 엄마와 수없이 싸우고 눈도 마주치지 않았다고 한다. 그런데 몸무게를 화제에 올려 대화를 나누면서 상황이 바뀌었다.

"처음에는 텔레비전에 나온 사람들이 살을 어떻게 뺐는지, 얼마나 살이 쪘는지 얘기를 해요. 그러다 서로 몸무게가 얼마나 빠지고 늘었는지에 대해 수다를 떨다가 매일 얼마나 먹는지 얘기해요. 하루 동안 많이 안 먹었으며 서로 축하해주고 저열량 음식을 먹지 않았으면 서로 위로해요. 그러면서 저는 엄마와 점점 친밀해지는 기분이 들었어요."

여기서 '엄마와 더 친밀해지는 것'이 왜 문제가 되는 걸까? 미카일라는 엄마와 음식 섭취와 운동에 대한 이야기를 나누었다. 그런데 그것이 두 사람이 나누는 대화의 전부가 되었다.

"어느 날 친구 킴과 그 애 엄마와 외출을 했어요. 그런데 두 사람은 전날 본 텔레비전 쇼 얘기를 하며 같이 웃고 떠들더라고요. 몸무게 얘기는 전혀 안 하고요. 그 순간 저와 엄마가 아주 비정상적이라는 생각이 들었어요. 저는 엄마한테 그날 일을 말했어요. 엄마와 전 앞으론 다른 얘기를 하자는 데 동의했어요. 그런데 이상했어요……. 서로 할 말이 별로 없는 거예요. 그러다 보면 어느새 다시 몸무게 얘기를 하곤 했어요. 어쩔 수 없더라고요."

몸무게, 사이즈, 음식을 화제로 삼으면 바람직하지 못한 대화로 빠져들기 쉽다. 모녀는 그런 화제가 있기에 서로 친밀감을 느끼고, 서로 싸우거나 스트레스 받는 일에서 잠시 벗어날 수 있다고 믿을지 모른다. 하지만 몸매에 대한 생각이나 자존감에 부정적인 영향을 줄 수 있다는 문제점이 있다.

어떻게 수십 년간 알고 지낸 모녀가 다이어트와 운동에 대해 수다를 떨 때만 친밀감을 느낄 수 있을까? 오랫동안 외면해서 그렇지 모녀가 함께 나눌 수 있는 화제는 얼마든지 존재한다. 그것을 찾아내 일상의 화제로 만든다면 '모녀 동호회'에 새로운 변화가 찾아올 것이다.

새엄마의 등장

●

재혼 가정이라면 새엄마와 의붓딸의 관계에서 문제가 생길 수 있다. 이 관계는 복잡한 문제 요소를 갖고 있는데, 대부분의 여자아이는 새엄마와 친엄마를 비교하며 분노를 느낀다.

스물네 살 소냐는 흑갈색 머리에 활기 넘치는 자그마한 여성이었다. 소냐는 손동작을 섞어가며 이렇게 설명했다.

"새엄마는 키가 크고 말랐는데, 친엄마는 155센티미터에 63킬로그램이에요. 당연히 저는 친엄마를 닮았고, 몸매도 그렇게 될 거라는 생각이 들어요. 그래서인지 새엄마가 제 옆에 있으면 화가 났어요. 그 여자가 감히 아빠와 같이 살다니! 몸은 또 왜 그리 말랐는지! 전 새엄마를 미워했어요. 그런데 인정하긴 싫지만, 새엄마를 닮았으면 좋겠다는 생각이 드는 거예요."

새엄마는 새로움의 상징이자 잃어버린 엄마에 대한 상실감을 상기시키는 존재다. 이 존재는 질투, 흠모, 혐오가 뒤섞인 아주 혼란스러운 감정을 불러일으킬 수 있다.

열다섯 살 킨슬리는 내게 이렇게 말했다.

"아빠는 새엄마 옆을 지날 때 항상 새엄마 허리를 손으로 만졌어요. 전 기분이 이상했고 눈치가 보였어요."

10대 딸이 있는 가정에 들어온 새엄마는 자신과 상관없이 이미 존재하던 문제들 때문에 여러 가지 스트레스를 받게 된다. 이미 존재하던 문제들이란 부모에 대한 반감, 양육 문제, 사춘기 반항 등을 말한다. 니아는 내게 이런 말을 했다.

"마치 낯선 사람이 우리 집에서 돌아다니는 것 같아요. 새엄마는 집에서 항상 아빠 셔츠를 입고 비쩍 마른 다리를 드러낸 채 다니거든요. 그 모습을 보면 토하고 싶어요."

새엄마와 딸, 거리 좁히는 방법

1. 말과 행동에 특히 신경 쓴다

의붓딸은 자신이 어떤 행동을 해야 하고 하지 말아야 하는지 알아내기 위해 새엄마의 모든 생활 습관과 성격을 관찰하며 자신과 비슷한 점이나 차이점을 찾아내려 한다. 따라서 입 밖으로 꺼내는 말과 자신의 몸을 대하는 태도에 신경을 써야 한다.

2. 과다한 몸매 노출은 피한다

몸매를 드러내는 것이 큰 문제는 아니다. 하지만 의붓딸이 자신의 몸매 변화에 혼란스러워할 때 비교 대상으로 새엄마까지 떠올리지 않도록 지나친 노출은 자제한다.

3. 의붓딸의 속도에 맞추어 가까워져야 한다

항상 다가설 준비를 해야 하지만 딸이 먼저 대화에 새엄마를 끌어들이게 해야 한다. 그리고 몸매라는 화제는 아주 민감한 부분이기 때문에 대화를 가볍게 하는 게 좋다. 딸의 취미를 물어보고 딸을 친구처럼 알아가야 한다.

4. 친엄마와 현재 상황에 대해 이야기를 나누어본다

엄마의 영향력은 굉장히 강한 것이어서 새엄마가 가족 내에서 영향력을 갖는 데 친엄마의 말이 도움이 될 수 있다. 열일곱 살 로빈의 말을 들어보면 명확하게 알 수 있다. "엄마가 괜찮다고 하면 무조건 괜찮은 거예요."

"새엄마가 셔츠만 입고 다니니?"

내가 놀라서 묻자 니아는 말을 고쳤다.

"반바지는 입어요."

"그럼 아주 짧은 반바지니?"

"꼭 그렇진 않지만 우리 엄만 반바지는 절대 안 입었어요."

사실 니아가 새엄마의 다리 노출에 문제를 느낄 요소는 없었다. 새엄마나 새아빠는 외부인이라는 이유로, 또는 환영받지 못한 '역할 모델'이라는 이유로 종종 '불쾌한 사람'으로 인식된다.

하지만 새엄마가 항상 이런 존재인 것은 아니다. 새엄마는 의붓딸의 삶에 긍정적인 영향을 끼칠 수 있다. 열아홉 살의 간호학교 학생 알리는 새엄마와 무척 긍정적인 관계를 맺은 사례였다.

"전 새엄마를 그냥 '엄마'라고 불렀어요. 새엄마는 친엄마와는 다른 시각을 길러주었는데 전 그 점이 좋았어요. 새엄마는 마라톤 선수여서 항상 운동을 했고, 그 모습에 저도 자극을 많이 받았어요. 그리고 친엄마는 요리사여서 먹는 걸 두려워 말고 즐기라고 가르쳤어요. 저는 두 엄마 덕분에 균형을 잘 잡고 있는 기분이에요."

다이어트 하는 엄마 vs 지켜보는 딸

•

뛰어난 유머 감각을 가진 열아홉 소녀 앤지는 주관이 뚜렷해 남의 눈을 의식하지 않는 성격이었다. 하지만 딱 한 사람, 엄마에 대해서만은 예외였다.

"엄마는 지나는 사람들이 한 번씩 돌아볼 만큼 아주 아름다운 분이었어요. 까맣고 긴 머리에 커다란 갈색 눈을 가졌고, 무척 날씬한 편이었어요. 제가 덩치가 좀 있다 보니, 멀리서 보면 엄마가 마치 제 딸처럼 보일 정도였다니까요! 그런데도 엄마는 늘 자신이 뚱뚱하다고 불평을 했어요. 한 번은 '내 배가 이렇게 나온 건 다 너 때문이야!'라고 해서 '내가 태어나지 말았어야 한다는 말이야?'라고 대든 적도 있어요. 상황은 갈수록 나빠져서 엄마가 체중계를 창문 밖으로 내던지기까지 했어요. 그러다 어느 날부터 엄마는 그 모든 행동을 멈추었어요."

앤지의 목소리가 점점 가라앉았다.

"엄마가 암에 걸렸거든요. 이상하게 들리겠지만, 암 때문에 엄마와 제게 변화가 생겼어요. 좋은 쪽으로요. 엄마는 항암 치료를 시작했고, 끔찍하고 독한 치료 때문에 머리칼이 다 빠지고 기운도 점점 잃어갔어요. 그런데 엄마는 포기하지 않고 힘을 냈어요. 한번은 엄마가 부엌에서 빵을 굽는 거예요. 제 기억에 엄마는 직접 빵을 구운 적이 한 번도 없었어요. 엄마는 빵을 굽더니 의자에 앉아 '내 평생 요즘처럼 자주 엉덩이 붙이고 앉아 있던 적이 없었는데'라고 하더라고요. 전 엄마 마음이 착잡하다는 걸 알았지만 무슨 말을 해야 기분을 좋게 해드릴지 알지 못했어요. 그래서 머릿속에 제일 먼저 떠오른 말을 해주었어요. '엄마, 엉덩이는 쓰라고 있는 거야. 그러니까 엉덩이를 써야지.' 그러자 엄마가 웃음을 터뜨렸어요. 엄마의 웃음소리를 듣고 나서야 그동안 제가 그 소리를 얼마나 그리워했는지 깨달았어요. 엄마는 머리카락이 다 빠졌고 여기저기 밀가루가 묻고 완전히 기진맥진한 상태였지만 제 눈엔 그 어느 때보다 예뻐 보였어요. 나중에 같이 산책을 나갔을 때 엄마는 제가 절대 잊지 못할 말을 해주었어요…….”

앤디는 말을 이으면서 울기 시작했다.

“‘나는 그동안 내 외모를 불평하느라 너무 많은 시간을 보냈어. 그땐 내가 얼마나 소중한 존재인지 알지 못했어’라고요. 그리고 제 손을 잡더니 ‘지금 기분이 얼마나 좋은지 몰라. 엄마가 가장 사랑하는 사람, 예쁜 딸과 산책을 해서 말이야’라고 하셨어요.”

앤지는 의자 깊숙이 앉아 크게 심호흡을 했다.

“전 그제야 엄마의 그런 말이 제게 절실히 필요했다는 걸 깨달았어요. 예쁜 딸이라는 말이요. 그런 말 따위 중요하지 않다고 생각했어요. 그런데 그게 아니더라고요. 엄마는 지금 차도를 보이고 있어요. 우리는 하루하루 잘 견디고 있어요. 가장 중요한 건 우리가 함께 있는 시간을 소중히 여기고 있다는 점이에요. 산책을 많이 하고 온갖 이야기를 나누어요. 비난 따윈 절대로 하지 않아요. 그게 지금 우리 모녀의 모습이에요. 전 그 어느 때보다 지금이 좋아요.”

넌 지금 이대로 예뻐

●

딸을 올바르게 가르치는 엄마도 물론 많다. 미스 플러스 아메리카(Miss Plus America, 빅 사이즈 여성들이 출전하는 미인 대회)에서 최초로 대상을 받은 체네스 루이스는 그런 의미에서 복 받은 사람이다. 어릴 때부터 "아름다움은 마음에서 우러나는 것이지 체중계 숫자로 결정되는 게 아니다."라고 가르친 엄마가 있었으니 말이다. 그녀의 엄마는 항상 날씬했음에도 딸에게 살을 빼라고 잔소리한 적이 없으며, 하고 싶은 일을 자신감 있게 하라고 격려해주었다.

"엄마는 제가 살을 빼야 예쁜 옷을 입을 수 있고 외모에 자신감을 가질 수 있다는 생각을 하지 않게 해주었어요. 엄마는 있는 그대로의 제 모습을 자랑스럽게 여겼어요."

체네스가 인기도 많고 우등생에다가 옷맵시와 성격까지 좋았던 것은 놀랄 일이 아니다. 아름답고 쾌활하며 자신을 자랑스럽게 여기는 체네스는 '빅 사이즈 모델 혁명의 리더'로서 자기 생각을 거리낌 없이 드러내고 있다.

1장에서 소개한 전직 모델 줄리엣은 이와 정반대되는 케이스였다. 줄리엣의 엄마는 10대 때 줄리엣이 갖고 있던 건강한 식습관과 몸매에 대한 가치관을 완전히 망쳐놓았다. 이제 1남 2녀의 엄마가 된 줄리엣은 가족에게 건강한 식습관과 운동, 긍정적인 인생관을 강조한다. 특히 딸 브리애나 앞에서는 "난 뚱뚱해."처럼 자신을 비하하는 말을 하지 않는다. 키가 크고 다리가 통통한 66사이즈 브리애나는 이렇게 말했다.

"엄마는 멋진 몸매가 마른 몸매를 뜻하는 게 아니라고 항상 말해요. 엄마는 늘 좋은 음식을 챙겨 먹고 저와 밖에 나가 즐겁게 노는 걸 중요하게 생각하세요. 달리기도 같이 하는데, 가끔은 제가 엄마보다 더 빨리 달려서 '엄마, 속도 좀 내서 달려봐!'라고 으스대기도 해요. 친구들

엄마 중에 무모하게 다이어트 하는 엄마들이 많은데 저희 엄만 정말로 건강한 사람이죠. 제겐 최고의 롤 모델이에요.”

딸을 바르게 가르치려면 좋은 본보기가 되는 것도 중요하지만 딸을 격려하는 일도 중요하다. 20대 초반인 레이는 열두 살 때 이모 앞에서 엄마가 자신을 감싸주던 일을 절대 잊지 못한다고 말했다.

“점심을 먹는데 줄리에 이모가 이러더라고요. ‘어머, 애 배 나온 것 좀 봐! 라에, 너 애 먹는 것 좀 감시해야겠다!’ 저는 쥐구멍에라도 숨고 싶었어요. 그런데 엄마가 ‘언니, 레이는 지금 사춘기야. 한창 성장하는 중이고 내 눈엔 제일 예뻐 보여’라고 맞받아쳤어요. 전 그때를 잊을 수가 없어요.”

엄마는 딸에게 이런 메시지를 전하는 것이 중요하다.

Say What?

여덟 살짜리 딸이 거울을 보며 자기 몸이 못생겨서 마음에 들지 않는다고 불평한다.

No “바보 같은 소리! 사람마다 생긴 모양이 다 다른 거야.”

Good “네 몸이 얼마나 사랑스러운데! 우리의 몸은 아주 놀라운 능력을 갖고 있어. 그 몸이 있어서 자전거도 탈 수 있고, 산책도 할 수 있고 수영도 할 수 있잖아. 엄만 네 몸을 보면 네 앞에 펼쳐진 흥미진진한 가능성들이 보이는걸.”

'다른 사람이 너로 하여금 '나는 사랑스럽지 못한 존재야'라고 느끼게 하는 것을 그냥 내버려두면 안 된다.'

엄마는 긍정적 힘의 원천이 되어야 한다. 딸을 좌지우지하기 위해서가 아니다. 딸이 엄마를 통해 배우고, 엄마의 장점을 발견하고, 자신의 장점을 키우며, 자신의 몸을 사랑하는 힘은 항상 자신에게서 나온다는 사실을 깨닫게 하기 위해서다.

딸 키우는 엄마가 해야 할 10가지

●

이 책을 읽으면서 그동안 딸에게 무심코 던진 부정적인 말들, 자신의 몸매를 비난하는 행동 등을 떠올리며 움찔하는 독자도 있을 것이다. 하지만 괜찮다. 인간은 실수를 저지르기 마련이고 실수를 통해서 뭔가를 배운다.

간섭이 심한 엄마라면 딸에게 부정적인 영향을 주었을 가능성이 크다. 하지만 엄마 스스로 뭔가 잘못했다는 사실을 깨닫는다면 그 잘못을 만회할 방법이 없는 건 아니다. 딸에게 사과하거나 딸과의 관계를 새롭게 시작하거나 딸과 전혀 새로운 대화를 나누면 된다.

딸을 향해 웃어주고, 다시 자랑스럽게 여겨보자. 그리고 딸에게 항상 예쁘다고 말해주자. 있는 그대로의 모습이 예쁘다고 말이다. 그리고 10대 딸을 건강하고 긍정적이고 자신감 넘치는 아이로 키우기 위해 엄마가 해야 할 일들을 하나씩 익혀 나가자.

1. 음식을 사랑하라!

엄마는 음식과 자기 몸을 긍정적으로 받아들이는 태도를 갖추어 딸에게 좋은 본을 보여야 한다. 음식은 에너지원일 뿐 아니라 기분을 좋게 해주고 좋은 맛을 느끼게 해준다. 음식을 날씬함의 적으로 생각하면 딸도 그 생각을 고스란히 받아들인다. 몸이 건강하고 영양 상태가 좋을 때 (특정 사이즈일 때가 아니라) 여러 가지 능력을 발휘할 수 있다는 사실을 인지하자. 그러면 딸도 똑같이 따라 할 것이다.

2. 딸에게 바라는 점이 있다면 엄마도 그 점을 갖추어야 한다

실수를 저질렀다면 실수를 인정하고, 잘한 행동이 있다면 그 사실을 드러낸다. 완벽한 사람은 없고 그렇게 될 필요도 없으며, 누구나 가끔은 외로움을 느끼고 실망도 한다. 당신은 딸이 이런 사실을 이해하기를 바랄 것이다. 자신을 칭찬할 줄 알고 다른 사람의 칭찬을 잘 받아들이는 엄마는 몸에 대한 긍정적인 생각과 자존감을 쌓는 중요한 기술을 딸에게 가르치는 셈이다.

3. 긍정의 말을 진짜 믿게 될 때까지 믿는 척한다

누구나 자신의 좋은 점을 발견할 수 있다. 하지만 자신이나 딸의 몸에 대해 좋게 말할 부분이 전혀 없다고 생각한다면 거짓말이라도 해야 한다. 엄마가 자기 자신을 긍정적으로 평가하는 걸 딸에게 보여주어야 한다. 자기 외모에서 마음에 드는 점을 하루에 한 가지씩 말해보자. 처음에는 그 말이 믿어지지 않더라도 어쨌든 해보자. 그러면 딸은 물론 자기 자신에게도 도움이 된다.

4. 부정적인 말을 하고 싶을 때는 한 번 더 생각한다

"내 허벅지는 너무 두꺼워." "쟤 가슴 너무 작다." "너 그 청바지 입으면 엉덩이 무지 커 보여." 자기 자신이나 딸, 방송에 나오는 사람, 이웃 사람의 몸에 대해 이런 식으로 말하기 전에 스스로에게 물어보자. '이 말이 무슨 의미가 있을까?' 그리고 그런 말이 딸에게 어떤 영향을 줄지 생각해보자. 그 말을 할 가치가 있을까? 그 말이 상처를 주진 않을까? 그 말이 조금이라도 도움이 될까? 만일 도움이 안 된다면 입 밖으로 꺼내지 마라.

5. 몸무게와 다이어트에 대해 딸과 진지한 대화를 나눈다

음식과 운동에 대해 딸과 이야기를 나누어보라. 이때 폭식, 구토, 군것질, 온종일 빈둥거리기 등을 뚱뚱한 사람의 습관으로 연결 짓지 말고 몸무게에 상관없이 누구나 빠져들 수 있는 잘못된 생활 습관으로 연결 지어야 한다. 딸이 진정으로 건강해지기를 바라는 마음에서 바른 선택을 하도록 도와야 한다. 다른 누군가가 딸에게 살 빼는 약, 설사제, 구토와 같은 잘못된 정보를 주기 전에 말이다.

6. 딸과 함께 건강한 생활 방식을 즐긴다

딸과 함께 밖에 나가 몸을 움직이자! 규칙적으로 운동하면 신체가 건강해진다. 엄마와 딸, 두 사람의 건강도 지키고 친밀감도 높일 수 있는 활동을 하며 시간을 값지게 보내보자. 함께 건강한 음식을 만들어보는 것도 좋다. 다 만들면 몸에 좋을 만큼 적당한 양을 같이 먹어보자.

7. 옷 사이즈나 몸무게에 연연하지 말자

스스로 기분이 좋고 건강하다고 느낄 수 있으면 되는 거다.

8. 당신 자신과 딸의 외모에 자부심을 가져야 한다

너무 작은 옷을 억지로 입으려 하지 말고 헐렁하고 멋없는 큰 옷으로 몸을 가리려 하지도 말자. 엄마가 보기 좋은 옷을 입고 차림새에 신경을 써야 딸에게 '사이즈와 상관없이 있는 그대로의 자신에게 자부심을 가져야 한다'는 메시지를 전하게 된다.

9. 딸과 함께 다양한 활동을 하며 돈독한 관계를 형성한다 (다이어트는 제외)

딸과 어떤 식으로 시간을 보내는지 냉정하게 살펴보자. 주로 음식과 몸무게 이야기를 하거나 몸에 대한 비난을 하진 않는가? 바람직한 공통의 관심사를 바탕으로 친밀감이 형성되도록 딸과 함께 다양한 활동을 해야 한다. 그동안 하고 싶었던 일을 목록으로 만들어 딸과 함께 그 일을 해보자! 아침에 얼마나 먹었는지, 오늘 몸무게는 얼마인지 따위보다 더 중요한 대화거리를 만들어보자.

10. 자신의 몸을 다른 사람의 몸과 비교하지 마라

누구나 가끔은 이런 비교를 하게 된다. 유명 연예인이나 친구를 보고 "내 다리도 저랬으면……." 또는 "나도 저렇게 배가 날씬했으면 좋겠다."라고 중얼거리면서 말이다. 하지만 자신을 다른 사람과 비교할 때마다 딸에게도 자신과 똑같이 하도록 부추기는 꼴이 된다. 정말로 딸이 그러기를 바라는가?

"저는 자라면서 매일 엄마에게 사랑한다는 말을 들었어요.
그리고 제가 엄마를 얼마나 기쁘게 하는지,
엄마에게 얼마나 좋은 영향을 주었는지 하는 말들도요.
저는 항상 자신을 소중하고 사랑스러운 존재라고 느껴왔고
지금도 그렇게 생각해요. 엄마가 제게 그런 생각을 심어주신 덕분에요."

_스물두 살 발레리

Body Image Quotient ;

√ 엄마의 태도로 판단하기

Q1 딸이 친구를 만나고 들어올 때 도넛 상자를 들고 와 방으로 가져가는 걸 보면 이런 생각이 든다.

A 도넛이 칼로리가 얼마나 높은데! 당장 버리라고 해야겠다.

B 많이 먹으면 안 될 텐데……. 며칠 동안 몸무게 좀 유심히 지켜봐야겠네.

C 아주 가끔은 먹고 싶은 걸 먹는 것도 괜찮아. 알아서 조절할 거야.

Q2 나에게 다이어트란?

A 일상이다. 유행하는 다이어트 방법은 다 해보았다.

B 특별한 일이 있을 때 예뻐 보이고 싶어서 가끔 하는 정도다.

C 거의 하지 않는다. 매일 건강하고 일관된 식습관을 유지하며 가끔은 디저트도 즐겨 먹는다.

Q3 나는 딸의 외모를 자주 지적하는 편이다.

A 거의 매일 한다. 나 아니면 누가 딸에게 솔직히 말해주겠는가?

B 가끔 한다. 그러나 부정적인 말을 하기보다 딸이 입으면 예뻐 보일 만한 옷을 권해주

는 편이다.

C 하지 않는다. 나는 딸이 자신을 잘 꾸민다고 생각한다.

Q4 딸과 있을 때 주로 무엇을 하는가?

A 음식과 다이어트, 몸매에 대한 이야기를 자주 나눈다.

B 가끔씩 자신의 몸매에 대해 불만을 터놓기도 하지만 대부분은 같이 취미 활동을 하며
보낸다.

C 산책하거나 게임을 하거나 대화를 나누거나 즐거운 시간을 보내려 노력한다.

Q5 딸에게 살 빼라는 말을 자주 하는 편이다.

A 그렇다. 세상 사람들은 외모로 그 사람을 판단하기 때문에 어쩔 수 없다고 생각한다.

B 여름이 다가오거나 특별한 파티가 있을 때 가끔 한다.

C 하지 않는다. 딸에게 건강한 식사를 하라고 권하는 정도다

A (각각 1점)	B (각각 2점)	C (각각 3점)	총점

Part 03

아버지가 딸의 인생을
좌우한다

나는 아버지를 무척 좋아했다. 아버지는 2006년에 암으로 돌아가셨는데 그 후로 아버지를 그리워하지 않은 날이 하루도 없다. 내 책상에는 결혼식 때 내 옆에서 눈부신 미소를 짓고 있는 아버지의 사진이 놓여 있다.

아버지는 남의 말을 경청하는 자상하고 친절한 분이었다. 나는 아버지를 존경했고 아버지와 친했으며 아버지 같은 사람이 되고 싶었다. 하지만 아버지가 항상 올바른 생각만 하신 것은 아니다.

아버지는 그 세대의 많은 남성들이 그렇듯, 여자아이는 예뻐야 원하는 것을 얻을 수 있다고 믿으셨다. 적어도 머리가 똑똑하지 않은 여자아이는 그렇다고 생각하셨다. 내가 어렸을 때 아버지는 나를 남자 형제들처럼 총명하다고 생각하지 않으셨다. 그저 '귀여운 아이'라고만 여기셨던 거다. 나는 마르고 자그마한 체구에 녹갈색 눈을 가진 금발의 꼬마였다.

사춘기 시절 나는 몸치장에 무척 신경을 썼다. 주로 꽉 끼는 청바지를 입어 남자아이들의 눈에 띄려고 했다. 나는 똑똑한 아이가 아니고, 그저 귀여운 매력밖에 없다고 생각했기 때문이다. 나는 오랫동안 그 꼬리표에서 자유롭지 못했다. 그런데 고등학생이던 어느 날 변화가 찾아왔다.

그날 아버지는 여느 때처럼 내 학기말 숙제를 타자로 쳐주셨다. 그런데 어깨 너머로 들여다보니 아버지는 더 잘 쓴 것처럼 만들려고 내가 쓴 문장을 바꾸고 계셨다. 나는 아버지에게 말했다.

"아빠, 전 그렇게 안 썼어요. 다시 원래대로 해놔요. 아니면 제가 직접 칠게요."

나는 의자에 앉아 처음으로 나 혼자 숙제를 처리했다. 타자를 치는 속도는 아주 느렸지만 어쨌든 해냈다.

아버지는 그날 나의 행동을 보고 깜짝 놀라셨다. 깊은 인상을 받은 눈치였다. 그리고 그날 이후 아버지는 내가 단순히 귀엽기만 한 아이가 아니라고 생각하셨다.

나 역시 그날 이후 그렇게 생각했다. 그래서 더 이상 숙제는 물론 내 자존감을 남이 좌지우지하게 두지 않았다. 그리고 남자아이들이 나의 외모만 보고 감탄해주기를 바라지 않게 되었다.

남자친구보다 더 중요한 존재

●

아버지의 영향력이 엄마보다 적다고 생각한다면 오산이다. 아버지가 돈을 벌고 엄마는 살림만 하던 시대에 비하면 부모의 역할이 확실히 변하기는 했다. 그럼에도 양육 과정, 특히 성장하는 딸아이의 양육에 적극적으로 관여하는 아버지는 많지 않다.

임상심리학자 마고 메인은 이러한 현상이 자녀들로 하여금 '아빠 바라기(father hunger)'를 유발한다고 했다. 이는 아이들이 아버지와 정서적으로 교감하고 싶어 하는 간절한 바람을 말하는 것으로, 모든 아이들이 경험하는 증상이라고 한다. 마고 메인은 '아빠 바라기'가 심한 여자아이일수록 이런 염원이 음식과 몸무게에 대한 갈등으로 바뀌는 일이 많다고 지적했다.

아버지들은 자신이 가족에게 얼마나 중요한 존재인지 종종 잊어버린다. 비영리단체 '아빠와 딸(Dads and Daughters)'이 실시한 여론조사를 보면, 아버지의 관심이 딸의 건강과 행복에 중요한 역할을 한다고 생각하지 않는 아버지가 3분의 2 이상이었다. 조금 어이없는 결과다. 아버지가 교육을 잘 시키든 못 시키든 아버지라는 존재는 중요하다. 아버지와 딸의 관계를 전문적으로 연구해온 웨이크포레스트대학교의 린다 닐슨 교수는 이런 말까지 했다.

"대부분의 딸은 살아가는 동안 엄마와의 관계보다 아빠와의 관계에 더 많은 영향을 받는다."

메그 미커는 《강한 아빠 강한 딸(Strong Dads, Strong Daughters)》이라

는 책을 통해 아버지들에게 이렇게 말했다.

"아버지, 즉 당신이 딸의 인생에 얼마나 큰 영향을 끼치는지 알게 된다면 깜짝 놀라거나 겁을 먹게 될 것이다. 어쩌면 이 두 감정을 모두 느낄 수도 있을 것이다. 딸의 성격 형성에 가장 큰 영향을 끼치는 사람은 남자친구나 남자 형제, 남편이 아니라 바로 아버지인 당신이다."

딸이 아버지와 편안한 관계를 형성하고 아버지의 지지를 받을 때 다음과 같은 장점을 보인다.

1. 자신감과 자립성과 자기주장이 강해진다.
2. 학업 성취도가 높아진다. 특히 과학, 수학, 기술 분야의 직업에서 두각을 나타낼 가능성이 크다.
3. 대학에 들어갈 확률이 두 배 높아지는 반면 감옥에 갈 확률은 90% 줄어든다
4. 10대 임신이라는 문제를 겪을 확률이 75% 낮아진다. 또한 이른 결혼이나 정신적·육체적 학대 관계를 경험할 확률도 낮아진다.
5. 너무 이른 섹스, 흡연, 섭식장애 등과 관련한 또래의 압력을 거부할 수 있는 내면의 힘이 생긴다.
6. 친화력이 생기고 선생님이나 고용주처럼 윗자리에 있는 사람들과 매끄러운 인간관계를 맺을 수 있다.
7. 새로운 시도와 모험을 받아들이는 데 적극적인 성격이 된다.

아버지도 화성에서 온 남자?

•

아버지는 딸과 공감대를 형성하는 것에 어려움을 느낄 수도 있다. 특히, 딸이 성장하면서 부녀 관계가 복잡성을 띠는 이유는 기본적으로 남자와 여자의 의사소통 방식이 서로 다르기 때문이다.

조지타운대학교의 언어학 교수 데보라 태넌은 《그래도 당신을 이해하고 싶다(You Just Don't Understand)》라는 책에서 남자는 서열이 존재하는 사회적 계층의 일원으로 세상을 대하는 경향이 있다고 말한다.

다시 말해, 남자는 대화를 일종의 협상이나 한발 앞서야 하는 게임으로 생각하기 때문에 대화에서 우위를 차지하고 상대방에게 휘둘리지 않으려 한다는 것이다. 반면 여자는 관계를 중시하기 때문에 대화를 통해 친밀감을 쌓고 의견 일치를 이루며 서로 지지하기를 원한다. 이 외에도 남녀의 의사소통 방식에는 많은 차이점이 있다.

정보(남) vs 감정(여) 데보라 태넌에 따르면 남자는 '대화'를 정보 교환의 수단이라 생각하고, 여자는 감정을 분출하는 수단이라 생각한다. 하지만 남자는 몸매와 관련된 이야기를 '정보'가 아닌 '감정'의 영역으로 생각하기 때문에 많은 아버지들이 딸에게서 이와 관련된 이야기를 들으면 입을 다물어버린다고 한다.

문제는 아버지의 침묵이 확대 해석된다는 데 있다. 엄마나 친구가 아버지 앞에서 딸의 몸매에 대해 이야기할 때 아버지가 가만히 있으면 딸은 아버지가 그 이야기를 인정하고 있다고 받아들인다. 더 심하게는 아버지가 자신에게 아예 관심이 없다고 판단한다. 딸은 아버지의 행동을 보고 그렇게 생각할 수 있다. 또한, 아버지가 몸무게 이야기는 안 하고 그저 '외모'가 중요하다는 말만 했을 뿐인데도 딸은 자신이 아버지 눈에 예뻐 보이지 않는다고 느낄 수 있다.

충고(남) vs 이해(여) 남자들은 불만을 들으면 자신이 해결해주어야 한다고 느끼지만, 여자들은 상대를 위로하고 이해해주어야 한다고 느낀다. 그래서 딸이 집에 들어와 "난 너무 뚱뚱해."라고 말하면 엄마는 딸을 위로하거나 꼭 안아주는 반면, 아버지는 딸이 뚱뚱하지 않다는 증거를 찾아 알려줄 가능성이 높다.

충돌(남) vs 타협(여) 남자는 충돌을 두려워하지 않는 반면 여자는 충돌을 피하고 싶어 한다. 이는 수렵·채집 시대부터 이어져온 몇 안 되는, 성별에 따른 특징에 속한다. 특히 여자아이들은 충돌을 매우 불안하게 생각한다. 여자아이들은 충돌을 비판과 동의어로 여긴다. 그것도 자신의 어떤 행동에 대한 비판이 아닌 자신이라는 사람에 대한 비판으로 받아들인다. 그래서 딸은 속으로는 동의하지 못하더라도 아버지가 원하는 것을 받아들이고 거기에 자신을 맞추는 경향이 있다. 따라서 아버지는 딸에게 자기주장을 펼치는 모습의 본을 보이고 딸을 격려해주어야 한다. 아버지가 딸에게 미치는 영향이 크다는 사실과 남녀 사이에 존재하는 의사소통의 차이를 감안한다면 아버지가 딸의 몸무게에 대해 걱정할 때 딸이 보이는 반응을 더 쉽게 이해할 수 있을 것이다.

뚱뚱한 건 괜찮아요, 하지만……

•

섭식장애를 겪는 아버지를 둔 스물두 살 리베카와 인터뷰를 한 적이 있다. 리베카의 아버지는 어릴 때부터 뚱뚱했고, 고모들 역시 그랬다고 한다. 어린 시절 대공황을 겪은 친할머니가 폭식 습관을 갖고 있어 아버지와 고모들이 그 영향을 받은 듯했다.

"가족들에게 한 번도 말한 적은 없지만 제가 보기에 아빠는 폭식증 환자예요. 아빠는 온종일 아무것도 먹지 않다가 초코시리얼이나 초코칩 쿠키 한 상자를 순식간에 먹어치워요! 그러곤 화장실로 달려가요. 아빠가 방금 먹은 걸 토하고 있다는 걸 빤히 알아요."

미국에서 섭식장애를 겪는 사람은 800만 명으로 추산된다. 이 가운데 남자가 차지하는 비율은 10%이다. 남자는 자신이 폭식증 환자라는 사실에 여자보다 더 심한 수치심과 죄책감을 느낀다. 폭식증은 여자가 앓는 증상으로 인식되기 때문이다. 아마 이런 이유로 리베카의 아버지도 자신에게 섭식장애가 있다는 사실을 숨겼을 것이다.

리베카의 아버지는 음식점에 가면 화장실이 어디에 있는지 항상 잘 알았고 변명을 자주 했다고 한다. 또한 음식의 칼로리와 지방 함유량을 따지는 일이 유행하기 훨씬 전부터 그렇게 했다고 한다. 리베카가 보기에 아버지의 폭식증은 날이 갈수록 심해졌지만 아버지는 전문 상담을 한 번도 받지 않았다. 이는 아버지 본인뿐 아니라 리베카에게도 해로운 일이었다. 스탠퍼드대학교에서 최근 실시한 연구 조사 결과를 보면 비만이면서 날씬해지고 싶어 하는 아버지 밑에서 자란 딸은 아버지의 영향으로 폭식증이 생길 수 있다고 한다. 뿐만 아니라 알게 모르게 딸을 평생 다이어트의 굴레에 빠지게 할 수도 있다고 한다.

"그런 아빠였기에 항상 우리가 살찌는 것에 민감했어요. 아빠는 제게 '너 1킬로그램 정도 찐 것 같다'라는 말을 종종 했어요. 제가 살 때문에 고통받을까봐 걱정해서 하는 말이었겠지만, 그래도 너무 심했어요! 엄마는 다이어트라는 걸 해본 적이 없는 분인데, 그런 분이 아빠가 저를 감시하도록 내버려두는 것도 이상했어요. 전 여덟 살인가 아홉 살때 처음으로 다이어트를 했어요. 제가 몸무게 때문에 불평을 하니까 엄마 '뭐하러 네 엉덩이를 열심히 쳐다보니? 그렇게 할 일이 없니?'라고 했어요."

나는 리베카에게 요즘은 음식과 몸무게를 어떻게 받아들이는지 물었다.

"사람들은 저한테 섭식장애가 있다고 하지만 저는 그저 먹는 데 까다로운 것뿐이라고 생각해요. 전 음식을 많이 먹었을 때의 기분이 싫어요. 그래서 거의 먹지 않아요."

리베카는 자신이 정상적인 몸무게를 유지하지 못하는 이유가 음식에 대한 부정적인 생각 때문이라는 사실을 무심코 인정했다. 하지만 이를 섭식장애로 인식하지 못하고 지극히 정상적인 습관으로 생각했다.

섭식장애를 겪는 부모라도 딸과 터놓고 대화를 나누면 몸무게가 느는 것이 싫어서 음식을 거부할 때 어떤 결과가 생기는지 딸이 제대로 알 수 있다. 긍정적이든 부정적이든 음식과 몸무게를 대하는 부모의 태도는 딸에게 그대로 전달된다.

딸의 외모로 농담하는 아버지

•

"아빠는 절 자랑스러워하지 않아요."

엠마는 누군가 자신의 기를 꺾기라도 한 듯 시무룩한 표정으로 엄마 옆에 앉아 있었다. 엠마의 엄마 디애나는 빅 사이즈 모델을 지망하는 아름다운 여성이었다. 엠마는 엄마를 닮아 볼륨 있는 몸매를 갖고 있었지만, 열네 살 소녀다운 생기는 찾아볼 수 없었다.

"왜 그렇게 생각하니?"

내가 조심스럽게 물었다.

"아빠는 절 '쁘띠꼬숑(Petite Cochon)'이라고 불러요. 프랑스어로 '새끼 돼지'란 뜻인데 전 그 별명이 정말 싫어요. 또 제 허벅지를 꼬집으면서 '여기 살이 너무 많잖아'라고 아무렇지도 않게 말해요. 그냥 장난이라는 듯 웃으면서요."

딸이 기분 나빠하는데도 딸에게 농담을 하는 아버지들이 있다. 그런 아버지는 딸의 별명을 부르고 몸무게를 언급하며 놀리기도 한다. 딸과 허물없이 지내보겠다고 장난을 치는 것일 수 있지만 아주 위험한 행동이다.

여러 연구 결과에 따르면 몸무게, 신체 사이즈, 몸매, 외모 등 민감한 부분에 대해선 아무리 가벼운 농담일지라도 절대 해선 안 된다. 딸은 이런 농담을 들으면 자기 몸에 불만을 품게 되며 이 불만은 성인이 될 때까지 이어지기 때문이다. 20대인 킬리는 열두 살 생일 때 수영장 파티에서 아버지가 했던 말을 아직도 기억한다.

"수영복 입은 제 모습을 보더니 아빠가 고모에게 '쟤 수영복 터질 것 같지 않냐?'라고 하며 막 웃더라고요. 제가 그 말에 화가 났다는 걸 알았으면서도 아빠는 계속 그 농담을 했어요."

데보라 태년에 따르면, 남자가 농담을 하는 이유는 분위기를 즐겁게 하기 위해서 혹은 대화를 회피하기 위해서라고 한다. 또한 남자가 손으로 쿡 찌르는 것은 과한 신체 접촉을 피하면서 친근감을 나타내는 방법일 수 있다고 한다. 버지니아 로어노크에 사는 한 아버지는 내게 이런 말을 했다.

"남자는 친하다는 표현으로 짓궂게 구는 경향이 있어요."

하지만 여자아이들은 이런 식으로 애정을 표현하지 않는다. 아버지가 딸을 이렇게 대했다고 해보자. 그러면 딸은 열등감을 느끼고 자신이 사랑받을 가치도 없는 존재라고 느끼기 쉽다. 심지어 아버지가 딸을 날씬하다고 생각해도 딸은 평생 자신의 몸매에 대해 부정적인 생각을 품을 수 있다. 여자아이는 자신의 신체 사이즈가 어떻든지 간에, 아버지가 자신을 보고 살쪘다고 생각하든지 그렇지 않든지 간에, 자신이 살쪘다는 걱정을 한다. 아버지는 이러한 사실을 기억해야 한다.

아버지의 돌직구

•

어떤 아버지들은 딸의 몸무게 문제에 나 몰라라 하지 않는다. 딸의 허벅지가 너무 굵다거나 엉덩이가 너무 크다거나 옷이 이상하다거나

"아빠는 자기가 엄청 재밌는 사람인 줄 알아요.
한번은 아빠가 앉아 있던 소파에 제가 앉았는데
"와, 소파가 바닥으로 꺼지는 줄 알았네!'라고 하는 거예요.
전 그날 저녁은 물론 이틀 동안 아무것도 안 먹었어요."

– 열네 살 자라

할 때 그냥 지나치지 않고 직설적으로 말해버린다. 이런 말의 영향력은 엄청나며 오랫동안 지속된다.

스무 살 모건은 내게 이런 편지를 보내왔다.

"열세 살 때 친구 집에서 공부하고 돌아와 부엌으로 갔어요. 일곱 시 반이었는데 저녁을 못 먹은 상태라 음식들을 접시에 모아 담았어요. 그때 아빠가 부엌으로 들어오시더니 '하, 이 녀석 봐라. 이 시간엔 샐러드를 먹어야지! 그렇게 먹다간 나중에 엄마처럼 엉덩이가 푹 퍼지고 샐리 이모처럼 허벅지가 굵어져'라고 하는 거예요."

지금 모건은 운동을 광적으로 하고 허벅지나 엉덩이가 두드러지는 옷은 전혀 입지 않는다. 왜 그러는지 충분히 이해가 된다.

열일곱 살 노라도 직설적인 아버지 때문에 상처를 받았다.

"집에 B를 맞은 영어 시험지를 가져간 적이 있어요. 그랬더니 아빠가 '예쁘면 머리가 나빠도 되지만 뚱뚱하면 똑똑하기라도 해야 한다. 그러니 넌 열심히 공부해'라고 하는 거예요. 그 후로는 시험을 앞두거나 보고서를 써야 할 때 항상 그 말이 생각났어요."

이런 아버지들은 조언이랍시고 장광설을 늘어놓기도 한다. 오클라호마에 사는 스물일곱 살 켈리의 경우가 그랬다.

"아빠는 늘 엄마와 언니, 제가 너무 뚱뚱하다며 잔소리를 해댔어요. 아빠의 잔소리는 항상 이렇게 시작돼요. '왜 그렇게 살이 찌게 내버려두는 건데? 우리 식구는 키가 작기 때문에 몸무게에 신경을 써야 해.' 제가 매일 운동 삼아 걷는다고 하니까 아빠는 코웃음을 치더니 다른 운동 방법을 열다섯 가지나 죽 늘어놓더라고요. 동네 몇 바퀴 걷는 게 도움이 된다고 생각한다면 착각이라면서요."

누군가의 조언을 들을 때 숨이 막힐 듯한 기분이 든다면 다시는 그런 상황에 놓이고 싶지 않은 법이다. 딸은 부정적인 자신의 보디 이미지에 대해 누군가와 상의하고 싶을 때도 절대 이런 아버지와는 대화하려 하지 않는다. 딸은 아버지가 당신이 중요하다고 생각하는 말만 할 것임을 알기 때문이다.

성인이 되자 켈리는 아버지가 중요하게 여긴 가치를 자신도 똑같이 중요하다고 여기게 되었다.

"저는 제 자존감을 몸무게와 동일시해요. 체중이 늘면 자존감도 사라지고, 노력해서 체중이 줄면 자존감이 높아지는 걸 느껴요. 저도 이게 문제를 키우는 잘못된 생각이란 거 알아요. 하지만 그런 생각을 버릴 수가 없어요."

많은 여학생이 자신의 가치를 몸무게로 평가한다. 그래서 몸무게 때문에 비난을 들으면 상대방이 자신을 사랑하지 않는다고 생각한다. 아버지는 딸의 행동을 꾸짖는 것과 딸의 몸매를 비난하는 것이 아주 다르다는 사실을 알아야 한다.

아버지가 딸에게 '너는 예쁘다' '너는 소중한 존재다'라는 믿음을 심어주지 못하고 오늘부터 살을 빼야 한다는 인식을 심어주고고 해보자. 그러면 딸은 평생 다른 남자들에게 그런 인정을 갈구하게 된다. 열여덟 살 베키처럼 말이다.

"전 제가 매력적이란 말, 누군가 저를 원한다는 말을 듣고 싶어서 별짓을 다해봤어요."

해결사 아버지

•

해결사 유형의 아버지는 딸이 갖고 있는 고민이나 문제를 후다닥 해치워버리고 싶어 한다. 예를 들면 이런 식이다.

"아빠한테 제가 뚱뚱한 것 같다고, 학교 친구들이 제 몸무게로 놀린다고 솔직히 털어놓았어요. 그랬더니 아빠가 '그래서? 살 빼면 되잖아'라고 하더라고요."

"엄마가 어느 날 저녁 식탁에서 제가 좀 말라 보인다고 말했어요. 엄만 제가 몇 달 동안 먹은 걸 토하고 있다는 걸 몰랐죠. 그러자 아빠가 저를 보더니 '좀 먹어'라고 하는 거예요. 전 저녁을 먹었고 15분 후에 바로 토했어요."

"아빠한테 '나 자꾸 배가 나와'라고 했더니 아빠가 뭐랬는지 아세요? '아빠처럼 이렇게 힘을 줘서 배를 쑥 넣어'라고 하더라고요."

여기서 한 걸음 더 나아가 딸의 문제를 직접 나서서 해결해주려고 하는 아버지들도 있다. 이러한 아버지는 물불 가리지 않고 단호하게 '해결사'가 되려 한다.

열아홉 살 브랜디는 내 블로그에 이런 글을 올렸다.

"중학교 때 한 친구가 저보고 '돼지'라고 불렀는데 그 얘길 아빠한테 했어요. 그러자 아빠는 바로 학교 선생님들한테 이메일을 보내고, 저를 놀린 애의 부모님에게도 전화를 걸어 주의를 주었어요. 그 일 때문에 한동안 저는 '파파걸'이라는 놀림을 당했어요."

해결사 아버지들 중에는 너무 일방적으로 몰아붙이는 부류도 있다.

이런 아버지는 딸의 문제를 해결하는 데 너무 집착한 나머지 딸의 생활을 사사건건 통제하기도 한다.

스물세 살 낸시린은 이렇게 회상했다.

"아빠는 식사 시간을 새벽 여섯 시, 낮 열두 시, 저녁 여섯 시로 정했어요. 간식 시간은 오전 아홉 시와 오후 세 시였고요. 항상 변함이 없었어요. 우리가 잘못된 행동을 하면 아빠는 밥을 주지 않겠다고 으름장을 놓았어요. 얼마나 잘못했는지 정도를 따져 한 끼부터 심하면 하루 종일 굶게 했어요. 음식은 우리 집에서 중요한 훈계 수단이었어요."

아버지가 음식을 훈계 수단으로 이용하는 것은 매우 위험하다. 딸이 잘못된 행동을 했다고 해서 밥을 못 먹게 하면 '너는 살 가치가 없다'라는 메시지를 전달하는 셈이다. 반대로 딸의 기분을 좋게 하거나 칭찬의 수단으로 음식을 주면 내면의 감정을 달래기 위해서는 음식이 필요하다는 메시지를 전달하는 셈이다. 낸시린은 부모님에게서 독립한 뒤 아버지가 하던 처벌 방식을 자신에게 그대로 적용하고 있다.

"친구들과 뉴욕에 휴가를 갔을 때 돼지같이 먹었어요. 그래서 다음 날엔 온종일 비스킷 세 개랑 다이어트 콜라 한 잔만 마셨어요."

물론 해결사 아버지가 나쁜 의도를 갖고 그런 것은 아니다. 그들 역시 딸이 행복하고 안전하게, 걱정 없이 살기를 바라는 것이다. 하지만 이런 아버지는 자신이 딸의 문제를 해결하려 들수록 딸을 무력하게 만든다는 사실을 알지 못한다.

딸은 '이 문제가 그렇게 해결하기 쉬웠나?' '나는 왜 해결책을 찾지 못했지?' '그냥 나 혼자 해결했어야 했나?' '정말 아빠의 도움이 필요했나?'와 같이 자문하면서 괴로워할 뿐 아니라 자신을 쓸모없는 존재로 생각하기 쉽다. 딸은 아버지의 반복되는 '구세주' 같은 행동을 지켜보면서 이런 질문에 그렇다고 결론 내리기도 하고 그렇지 않다고 결론 내리기도 한다. 그러다 나중에는 자신을 믿지 못하기 때문에 계속 도움을 받아야 한다고 결론짓는다.

심리학자 마틴 셀리그먼은 '학습된 무기력'이라는 용어를 만들었다. 이렇게 학습된 무기력을 겪는 딸은 자기 문제를 해결해주는 아버지가 곁을 떠날 때까지는 결코 자립할 수 없게 된다.

이런 아버지는 해결사 역할의 방향을 바꾸어야 한다. 즉, 딸에게 자신을 괴롭히는 친구와 직접 맞서는 방법을 가르쳐주거나 그런 상황을 아예 무시할 수 있는 자신감을 길러주어야 한다.

딸에게 문제가 생겼을 때 그 상황을 직접 해결하려 하기보다는, 딸과 돈독한 관계를 형성하고 딸을 성장하게 해줄 기회로 생각해야 한다.

살 빼면 옷 사줄게

●

열일곱 살의 여고생 코트니는 아버지에게서 5킬로그램을 빼지 않으면 학교 무도회에 입고 갈 드레스를 사주지 않겠다는 말을 들었다. 신체검사 결과 코트니가 5킬로그램 과체중으로 나왔기 때문이다.

화가 난 코트니가 "아빠, 이건 협박인 거 아시죠?"라고 했지만, 아버지는 단호했다. 나는 어떻게 하면 코트니가 아버지에게 자신의 감정을 알릴 수 있을지에 대해 이메일로 여러 차례 논의했다.

코트니는 아버지 앞에 가서 "아빠는 항상 제가 어린애 같다고 느끼게 만들어요!"라고 말했다. 비난조가 아니라 아주 어른스러운 말투였다. 며칠 뒤 코트니는 이런 이메일을 보냈다.

"믿어지세요? 아빠가 제게 사과하더니 무도회 드레스뿐 아니라 여름옷도 몇 벌 더 사주신다는 거예요."

〈도전 팻 제로(The Biggest Loser)〉 같은 서바이벌 다이어트 프로그램이 인기를 끌고 있다. 그래서인지 딸에게 살을 빼는 대가로 돈이나 선물을 제시하는 아버지들도 많아지고 있다.

〈미국의학협회저널(Journal of the American Medical Association)〉에 실린 한 조사에 따르면, 살을 뺄 때 금전적 보상을 약속받은 사람이 그렇지 못한 사람보다 성공 확률이 높다고 한다. 그러나 전미경제연구소(National Bureau of Economic Research)에서 조사한 결과를 보면 살을 빼는 데 금전적 보상은 별로 효과가 없는 것으로 나타났다.

어쨌든, 가정을 살빼기 전쟁터로 만드는 것은 잘못된 일이다. 이렇게 해서는 문제의 본질, 즉 딸이 자신에게 만족하지 못하는 이유를 파악할 수 없다. 살을 빼는 조건으로 선물을 주는 것은 단기적인 효과만 있을 뿐이다. 열일곱 살 로건은 이런 말을 했다.

"아이팟을 정말 갖고 싶어서 아빠가 요구한 대로 13킬로그램을 뺐어요. 그런데 나중에 원상복귀 돼버렸어요."

부모라면 딸이 요요 현상을 수반하는 잘못된 다이어트를 평생 반복하게 만들어선 안 된다.

유령 아버지

●

유령 아버지는 이런저런 이유로 딸 옆에 있어주지 못하는 아버지로 대개 세 가지 유형이 있다.

너무 바쁜 아버지 이런 아버지는 딸을 무척 상심하게 만든다. 딸은 아버지의 부재를 보며 자신이 아버지에게 중요하지 않고 우선순위가 아니라는 사실을 확실히 느끼기 때문이다. 그래서 아버지의 주의를 끌기 위해 음식이나 운동, 체중 감량과 관련된 것들에 관심을 쏟는다.

무관심한 아버지 단순히 부재하는 아버지가 아니라 딸의 사춘기, 몸무게에 대한 좌절감과 관련해 자신이 도와줄 일이 없다고 느끼는 아버지를 말한다. 이런 아버지는 아내에게 모든 역할을 떠넘긴다. 그래서 대화 도중 몸매에 대한 이야기가 화제로 올라오면 자리를 피해버린다.

멀리 떨어져 사는 아버지 직장 때문에 주말 부부로 지내는 한 아버지가 내게 이런 말을 했다. "딸은 제가 열심히 일하는 걸 알아요. 저는 밤마다 딸에게 전화를 해요. 그리고 집에 가는 날이면 딸의 시험지, 과제, 학교 알림장을 모조리 살펴봐요. 하지만 그러는 게 곁에 있어주는 것과 같지 않다는 건 알아요."

셰는 아름다운 금발에 파란 눈을 가진 열여덟 살 여학생이었다. 어느 날 아침 매사추세츠대학교 애머스트 캠퍼스에서 나와 커피를 마시던 셰는 이렇게 말했다.

"엄마는 '너 그렇게 먹으면 안 돼!'라고 소리치곤 했어요. 밤에 먹으면 살이 얼마나 쉽게 찌는지 입버릇처럼 말했어요. 어찌나 잔소리가 심한지 결국은 엄마한테 나를 좀 내버려두라고 쏘아붙였어요."

"그때 아빠는 뭐라고 하셨니?"

"저한테 엄마 말 좀 고분고분 들으라면서 방을 나갔어요. 아빤 여자애들과 관련된 얘기만 나오면 항상 그런 식이에요."

이런 아버지는 기회를 놓치는 셈이다. 딸을 응원하는 아버지의 말에는 큰 영향력이 있다. 딸은 그런 말을 모조리 마음에 새기며 더 듣고 싶어 한다. 피부가 가무잡잡하고 머리칼이 빨간색인 카메인은 최근에 대학을 졸업했다. 우리는 눈 내리던 어느 추운 저녁 카메인의 고향인 뉴욕 롱아일랜드에서 만나 이야기를 나누었다.

"졸업식 때 입을 드레스를 사러 엄마와 쇼핑을 했어요. 88사이즈를 입어보니 잘 맞더라고요. 그런데 집에 가서야 엄마가 77사이즈를 샀다는 걸 알아차렸어요. 살을 빼는 데 자극을 주려 했다는 말도 안 해주고 말이죠. 전 그때부터 굶다시피 하고 기회가 있을 때마다 실내 운동용 자전거를 탔어요. 졸업식이 다가오자 77사이즈가 되었어요. 아빠는 절 보고 '네가 얼마나 예뻐 보이는지 아니? 그런데 더 중요한 건 네가 88사이즈를 입었어도 예뻤을 거란 사실이야'라고 하시더라고요."

카메인은 아빠가 했던 말을 떠올리며 미소를 짓더니 내 눈을 바라보며 말했다.

"엄마는 매일 저보고 살 좀 빼라고 소리 지르고 애원했어요. 아빠가 제 편에서 말을 해준 적이 두 번 있었는데 저때가 그중 한 번이었어요. 딱 두 번이었다니까요! 그 순간이 세세하게 다 기억나요. 기억하는 게 이상한 거죠. 그런 순간이 수없이 많아야 정상이니까요."

몇 년 후에 카메인은 자신에게 한 번도 예쁘다고 한 적이 없는 엄마가 어렸을 때 몸무게 때문에 놀림받았다는 사실을 아버지를 통해 알게 되었다.

"아빠가 좀 더 빨리 말해줬으면 좋았을 것 같아요. 그러면 엄마를 이해했을 거예요. 저만 소외된 기분이 들더라고요. 아빤 저에게서 기회를 빼앗은 거예요."

유령 같은 아버지를 둔 딸은 대개 자신이 유령 같은 딸이 되지 않을까 두려워한다. 즉, 아버지 주위에 존재하지만 중요한 존재로 여겨지지 않을까봐 두려워하는 것이다. 그래서 아버지의 관심을 끌 방법을 찾는다. 마약이나 알코올에 손을 대고 섭식장애에 걸리는 것도 그 가운데 하나다.

스물두 살 캐서린은 내게 이런 말을 했다.

"전 아빠가 혐오하는 문신을 했고 몸 다섯 군데에 피어싱을 했고 열다섯 살짜리에게 가당찮은 옷을 입고 다녔어요. 그러다 자기성찰의 시간을 여러 번 갖고 대학 4년 동안 심리학 수업을 들으면서 깨닫게 되었어요. 아빠가 저를 봐주기를 바라는 마음에서 그러고 다녔다는 걸요. 전 아빠의 시선을 끌고 싶었던 거예요."

이방인 아버지

•

    딸들과 함께 살지 않는 아버지는 환경 때문에 유령 아버지가 된 경우다. 밀워키의 심리치료사인 빌 클렛은 이를 '이방인 아버지'라 칭했다. 이런 아버지는 딸들과 공감대를 형성하는 데 어려움을 겪는다. 오랫동안 떨어져 지내면 지속적으로 소통하기가 어렵기 때문이다. 부부가 이혼했거나 아버지가 다른 지방으로 발령을 받았거나 출장을 자주 간다면 아버지와 자녀는 전화 통화나 영상 통화, 짧은 만남을 통해서만 관계를 유지할 수 있다. 부모와의 지속적인 소통이 필요한 성장기 자녀에게 이 정도는 부족할 수밖에 없다.

    부모가 이혼해 아버지만 떨어져서 산다면 자녀들은 한층 더 복잡한 감정을 느낀다. 특히 깔끔하게 이혼한 경우가 아니어서 아버지 마음속에 이혼으로 인한 화가 남아 있다면 전처에 대한 분노를 엉뚱하게도 딸에게 표출할 수 있다. 그러면 딸은 두 사람의 영향력 싸움에 휘말리게 된다. 데보라 태넌은 이를 '우위를 선점하려는 싸움'이라고 말했다.

    예를 들면 이렇다. 엄마가 음식을 절제하라고 해서 딸이 식탁에서 깨작거리면 아버지는 아버지로서 영향력을 발휘하고 싶은 마음에 "이거 다 먹어라! 여긴 아빠 집이니까!"라고 말할 수 있다. 아니면 이와 상반되는 상황에서 아버지가 "네 엄마는 지방 덩어리 정크 푸드를 먹일지 몰라도 여긴 아빠 집이니까 몸에 좋은 음식을 먹어야 한다."고 말할 수 있다. 멀리 사는 아버지라도 딸들과 만나는 동안(몇 시간 혹은 일주일에 하루나 이틀 정도가 될 수도 있지만)에는 아버지로서 영향력을 행사하고 싶어 한다. 따라서 대화를 하다가 "이걸 먹어라! 그건 입지 마라!"처럼 강압적인 명령을 내리기 쉽다.

스무 살 제이미는 내게 이런 말을 했다.

"아빠와 보내는 주말은 끔찍했어요. 아빠는 피곤하고 지친 모습이었고 대부분 술에 취해 있었어요. 아빠는 화가 나면…… 확 폭발해요! 한 번은 저보고 '개 같은 년'이라고 하더라고요. 여동생한테도 그랬고요. 그리고 '루저'라는 말도 자주 했어요. …… 아빠는 우리가 얼굴 보러 가면 무척 화를 내고 지긋지긋하게 여겼어요. 이젠 아빠를 찾아가면 아주 잠깐만 있다가 와버려요."

제이미 아버지의 알코올 중독은 두 사람의 관계에 분명 커다란 장애물이었다. 하지만 이방인 아버지는 딸을 만나는 주말 동안만이라도 분노와 좌절감을 떨쳐내야 한다. 심리치료사 빌 클렛은 아버지가 대화를 통제하는 대신 반드시 마음의 문을 열어야 한다고 강조했다.

"이런 아버지는 말을 내뱉기 전에 여러 차례 생각을 해야 합니다. 또한 딸들을 자신의 기준에 맞출 게 아니라 있는 그대로 인정해야 합니다."

아버지가 재혼을 했다면 딸과 어떤 화제로든 대화를 나눌 수 있다는 마음가짐이 특히 중요하다. 하지만 딸 앞에서 어떤 식으로 말할지, 무슨 이야기를 꺼낼지 신중하게 생각해야 한다.

이혼 경험이 있는 육아 전문가이자 《페어런팅 어파트(Parenting Apart)》의 저자 크리스티나 맥기는 이렇게 말했다.

"재혼한 아빠가 '새엄마는 내가 만난 사람 중에서 가장 예쁜 여자야'

라든가 '새엄마는 날씬한데 네 엄마는 그렇지 않아'라는 말을 할 때 정말 상처가 된다는 여자아이들이 많다. 엄마를 많이 닮은 딸이라면 아빠가 '너도 엄마를 닮아 안 예뻐'라고 말하는 거라 받아들인다."

이 아이들은 이렇듯 '새로운 진실'을 만들어내고 그 생각을 키우다가 감정이 격해져 "아빠는 제가 예쁘다고 생각한 적이 한 번도 없어요!" 또는 "아빠는 항상 제가 뚱뚱하다고 생각했어요!"라고 내뱉기 쉽다. 아버지는 이런 '극단적인 상황'을 남의 이야기로 치부할 것이 아니라 그런 일이 생기지 않도록 세심하고 신중하게 행동해야 한다.

아버지가 '딸은 내 삶의 일순위'라는 사실을 새 아내에게 인지시키는 일 역시 중요하다. 크리스티나 맥기는 딸을 둔 이혼남과 재혼했는데, 남편이 전처의 딸과 정기적으로 만나는 것을 일정에 꼭 넣을 뿐 아니라 그 만남을 특별하게 생각한다면서 이렇게 말했다.

"남편은 딸이 오면 문을 직접 열어줘요. 그리고 이런저런 칭찬을 해주고 딸의 외모와 장점에 대해 긍정적인 말을 해줘요. 아빠에게 존중받고 싶어 하는 딸의 바람을 다 채워주는 거죠."

딸의 성장을 부정하는 아버지

●

어떤 아버지는 딸의 성장을 받아들이려 하지 않는다. 딸이 마냥 어린아이이길 바라고 자신도 딸의 변화를 알지 못하길 바란다. 이런 아버지는 성장하면서 몸매가 변해가는 딸에게 농담을 한다. 예를 들어, "넌 서른 살 될 때까지 데이트는 못 한다." "넌 나이만 열여섯 살이지 실제로 일곱 살이나 마찬가지야, 알아?" "옷 좀 더 껴입어라." 같은 농담이다. 아버지가 부지불식간에 그런 말을 하고 딸이 여자로 성장하는 것을 받아들이지 못하면 딸도 자기 신체를 받아들이지 못한다. 극단적인 경우 아버지가 좋아하는 사춘기 전의 몸매를 유지하려고 다이어트를 하기도 한다. 마고 메인은 《파더 헝거(Father Hunger)》에서 이렇게 썼다.

"아버지는 딸이 겪는 통과의례를 존중해줘야 한다. 딸은 삶에서 가장 중요한 남자인 아버지가 자신을 매력적이고 여성스럽다고 느끼기를 바라며 자신을 인정해주기를 바란다."

스물세 살 이사벨라는 긴 흑갈색 머리에 매력적인 초록색 눈과 탄탄한 몸매를 가진 여성이었다. 나는 세미나가 열리던 라스베이거스의 한 식당에서 이사벨라를 만나 이것을 주제로 이야기를 나누었다. 이사벨라는 아버지가 자신을 항상 어린아이처럼, 그것도 아버지에게 없는 어린 아들처럼 생각했다고 말했다.

"그러니까 아버지와 친하게 지내기 위해 살을 빼고 운동을 했다는 거예요?"

나는 이렇게 물었다.

"네, 유일한 방법이었어요. 어렸을 때 아빠는 항상 제가 다 크면 무척 슬플 것 같고, 빈둥지증후군에 빠질 거라고 했어요. 저는 아빠 생각이 틀렸다는 걸 보여주고 싶어서 다이어트와 운동을 미친 듯이 했어요."

"효과가 있었나요?"

내 질문에 이사벨라는 웃으면서 말했다.

"음, 있었어요. 효과가 없었다고 말할 줄 아셨겠지만 아니에요. 10대 때 저와 아빠는 아주 친밀한 사이였어요."

"그럼 그때 행복했나요?"

"딱 잘라서 대답하기가 쉽지 않아요. 날씬하고 인기도 있고 아빠와 잘 어울려 다니는 건 좋았어요. 하지만 자주 허기졌고 진짜 친구가 없었고 제가 아닌 다른 사람인 척해야 했어요."

"지금 아빠와의 사이는 어때요?"

"항상 똑같죠 뭐."

이사벨라는 조금은 행복해 보이고 조금은 슬퍼 보이고 조금은 경솔해 보였다.

"부모님 뵈러 집에 가면 여전히 제가 어린아이인 것 같아요. 제 스스로도 제가 하는 말의 절반은 진심이 아니라는 생각이 들어요. '아빠, 전 매일 헬스클럽에 가요!'라든가 농구를 좋아하지 않으면서도 '아빠, 일대일로 농구 한 게임 할래요?'라고 말하죠. 그럴 땐 제가 다른 사람처럼 느껴져요."

"음식은 좀 먹어요?"

"먹긴 하죠, 가끔씩."

이사벨라는 거짓 자아를 버리지 않는 한 아버지와 더 친밀하고 건강한 관계를 누릴 수 없다는 것을 알지 못한다. 자신의 진정한 여성성을 기꺼이 드러내지 못한다면 음식을 먹을 때나 자신의 몸을 대할 때 계속 스스로를 위태롭게 만들어야 한다. 이는 자신의 여성성뿐만 아니라 진짜 자아와 정체성을 박탈하는 행위다.

"어릴 때는 아빠와 함께 보내는 시간이 아주 많았는데,
사춘기 이후로 우리 사이가 변한 것 같았어요.
제 마음은 그때와 똑같은데, 아빠의 태도는 마치
'넌 내가 알던 딸이 아니야'라고 말하는 것 같아요.
아빠와 서먹해지니까 저도 제 몸이 변하는 게 싫고 화가 나요."

_ 열세살 샤이나

완벽한 아버지와 산다는 것

•

어떤 아버지는 자신뿐만 아니라 타인에게도 완벽함을 기대한다. 물론 딸에게도 그렇다. 실패를 용납하지 못하며 딸에게도 완벽주의를 요구한다. 이런 아버지를 둔 딸은 자신이 절대 실패하면 안 된다고 믿는다. 몸매, 성적, 좋은 친구, 행동 등 모든 것이 완벽한 슈퍼걸이 되어야 한다고 느낀다.

완벽한 아버지의 딸이 된다는 것은 쉽지 않은 일이다. 아버지의 기대에 맞추어 살아야 하기 때문이다. 그 기대가 아무리 비현실적일지라도 말이다. 열여덟 살 캐서린은 완벽한 아버지와 사는 딸이었다.

"사람들은 우리를 완벽한 가족이라고 불렀어요. 아빠는 우리를 혼내기보다는 직접 본을 보이셨어요. 아빠는 모르는 게 없었고 못하는 일도 없었어요. 테니스, 직장일, 바비큐 요리까지 모든 걸 아주 잘하셨어요. 몸매 관리에도 무척 신경을 쓰셨어요. 그리고 운동을 좋아하고 몸매 관리에 힘쓰는 저를 항상 자랑스러워하셨어요. 그런데 사춘기가 되자 몸매가 제 뜻대로 안 되더라고요. 제 몸이 더 이상 가족의 기준에 맞지 않자 저는 죽을힘을 다해 운동하고 살을 뺐어요. 하지만 그때 저는 제가 아니었어요. 항상 피곤했고 따뜻한 날에도 몸이 으슬으슬했고 커피를 물처럼 마셨어요. 그런데 아빠가 이러시는 거예요. 항상 완벽해야 한다는 어리석은 생각을 도대체 어디서 배운 거냐고요."

"그래서 아버지께 말씀드렸니?"

"아빠가 실망하실까봐 말하지 못했어요."

그렇다. 완벽한 아버지의 딸은 완벽함을 추구할 때 분란을 일으키고 싶어 하지 않는다. 다른 사람에게 상처 주고 싶어 하지 않는다. 그렇게 하면 자신이 상처를 받는데도 말이다. 아버지는 딸이 어떤 일을 할 때 최선을 다하되 휴식을 취하며 재충전도 해야 한다는 사실을 깨닫게 해주어야 한다. 목표를 향해 가는 과정에서 장기적 시각을 갖기 위해서는 자신의 실수와 부족한 부분을 인정해야 한다는 사실을 깨닫게 도와주어야 한다.

뭐든 오케이, 오케이

•

딸이 행복하기를 바라는 마음에 하고 싶은 대로 다 하게 내버려두는 아버지도 있다. 이런 아버지는 딸이 거식증에 걸리기 직전이라 엄마가 걱정을 해도 딸에게 괜찮아 보인다고 말한다. 딸이 비만이 될 조짐이 보여 의사가 주의를 줘도 그 말을 무시한다. 선물, 음식, 칭찬, 옷 등 잠시라도 딸이 웃을 수만 있다면 무엇이든 주려 한다. 하지만 이는 진짜 문제를 회피하고 쉬운 길을 찾는 것이다. 이런 아버지는 대립을 원치 않는다. 모두가 잘 지내며 행복하기를 바란다. 데보라 태넌은 이런 아버지가 전형적인 여성의 역할, 즉 타인을 기쁘게 하려 애쓰는 역할을 한다고 지적했다.

무엇에든 '오케이'라고 하는 것은 좋지 못한 태도다. 특히 딸이 본보기로 삼기에 바람직하지 않다. 스물네 살 알렉사는 내게 이런 말을 했다.

"엄마는 오케이라고 한 적이 없는 것 같고 아빠는 노라고 한 적이 없는 것 같아요. 사람들은 아빠를 좋아했어요. 아빠는 우리가 등에 매달려도, 종일 텔레비전을 봐도, 소파에서 피자를 먹어도 오케이였거든요."

"아빠를 어떻게 생각했어요?"

"당연히 아빠처럼 되려고 했어요. 그렇게 하니까 처음엔 아주 좋더라고요. 모든 아이들이 저와 놀고 싶어 했어요. 저는 뭐든지 기꺼이 하려 했으니까요. 그런데 중학생이 되면서부터 그런 성향 때문에 제가 굉장히 바보 같은 애가 되어가더라고요. 한 친구가 원푸드 다이어트를 하자 저도 같이 했어요. 그 친구가 덴마크 다이어트로 바꾸자 저도 따라서 바꿨어요. 대학 시절에는 친구가 남자친구의 주의력결핍 치료 알약을 가져와서는 그게 살 빼는 데 도움이 되는지 한번 먹어보자고 했어요. 인터넷에서 그런 내용을 본 적이 있다면서요. 그때도 전 친구를 따라 그렇게 했어요. 너무 어처구니없는 행동이었죠. 하지만 그때는 제가 남을 무작정 따라 하는 사람이 아니라 아빠처럼 상냥한 사람이라 생각했어요."

하지만 이런 아버지의 딸이 요구사항이 많은 사람이 되기도 한다. 모든 사람이 자신이 원하는 대로 해주기를 바라고, 자신은 그럴 자격이 있다고 생각한다. 아버지 밑에서 그렇게 자랐기 때문이다. 딸에게 뭔가를 허용해주는 것은 부모로서 누리는 특권일 수도 있다. 하지만 아버지는 딸이 언제 거절해야 하는지 분별할 수 있도록 가르쳐야 한다. 특히, 나쁜 식습관이나 위험한 다이어트 등을 거부할 줄 알아야 한다고 가르칠 필요가 있다.

새아빠가 생겼어요

•

새아버지는 새엄마와 마찬가지로 뒤늦게 부모의 역할에 뛰어들었지만 친아버지처럼 자녀를 평생 사랑하고 지지해줄 수 있다. 하지만 딸과 새아버지 사이에는 특유의 문제들이 존재한다.

새로운 남자

딸에게 새아버지는 엄마의 새로운 남자다. 딸은 엄마가 새아버지 앞에서 어떻게 행동하는지, 어떻게 차려입는지(특히 차림새가 예전과 달라졌을 때), 두 사람이 부부로서 어떻게 행동하는지 유심히 관찰한다. 그러면서 남자와 여자가 어떻게 행동하는지, 남자에게 무엇이 중요한지에 대해 많은 것을 알게 된다.

열여덟 살 미리엄은 내게 이렇게 말했다.

"참 놀라웠어요. 엄마는 이혼 후 비참했어요. 그러다가 완전히 탈바꿈을 한 거예요. 헬스클럽에 다니고 유기농 음식을 먹으며 13킬로그램이나 감량했어요. 엄마는 정말 멋져 보였지만 엄마다운 느낌은 없어졌어요. 확실히 남자들이 엄마에게 눈길을 주더라고요. 그걸 보니 남자를 낚으려면 날씬해야 하고 시선을 받으려면 외모에서 빛이 나야 한다는 생각이 들더라고요."

물론 미리엄의 엄마가 외모를 멋지게 가꾸고 건강한 변화를 위해 노력한 것은 문제가 되지 않는다. 하지만 딸은 살을 빼기 전의 엄마 모습을 결혼 실패와 연결 지음으로써, 결혼 생활을 잘하려면 날씬해야 한다고 인식하게 된다. 이때 새아버지는 용기, 기지, 친절한 마음 등 자신이 높이 평가하는 아내의 장점을 딸에게 각인시켜주어야 한다. 이와 더불어 몸무게와 관련 없는, 엄마와 닮은 부분을 딸에게 말해주면 좋다. "엄마를 닮아 머릿결이 아주 곱구나." 하는 식으로 말이다.

비교는 NO!

어느 날 밤 열아홉 살 매디슨이 내게 전화를 했다.

"새아빠는 대놓고 저를 비난했어요. 친딸이라면 이런 옷차림으로 다니게 하지 않을 거라는 둥 돼지처럼 먹는다는 둥 하면서요. 전 새아빠의 친딸보다 못났다는 생각 때문에 새아빠와 친해질 수 없었어요."

비교는 어떤 경우에도 해선 안 된다. 비교를 당하면 저항심이 생긴다. 새아버지는 비교를 일삼을 것이 아니라 차이점을 수용해야 한다. 절대 의붓딸을 친딸과 비교하면 안 되며 의붓딸의 친부를 비난해서도 안 된다. 아무리 단점이 있더라도 그 사람은 엄연히 의붓딸의 아버지이며 지금의 의붓딸을 있게 해준 사람이다.

'혼합가족'이 지속적인 관계를 유지하려면 세심한 배려가 필요하다. 새아버지는 가족에게 원칙을 강요하기보다 신중하게 접근해야 하며 자신의 방식이 최고가 아닐 수도 있다는 사실을 알아야 한다. 가족 구성원 모두가 새로운 가정환경에 적응할 시간이 필요한 법이다.

중립적인 시각

새아버지는 이전에 존재하지 않던 새로운 시각을 가족 구성원들에게 보여주게 된다. 이는 새 가족과 핏줄로 연결되어 있지 않기 때문에 가능하다. 새아버지는 핏줄이 아니라는 점 때문에 가정에서 자신의 영향력이 낮아진다고 생각할지 모르지만, 실제로는 고유한 형태의 영향력을 갖게 된다. 바로 중립의 힘이다.

예를 들어, 딸에게 "내가 그 친구를 만나본 적은 없지만 그 친구가 네 얘기를 하고 다닌다면 진정한 친구가 아닌 것 같구나."라고 말할 수 있다. 새아버지는 딸이 자신의 신체에 대해 여기저기서 듣는 모든 메시지를 올바르게 선별할 수 있도록 중립적인 의견을 제시하는 존재가 되어야 한다.

딸은 이런 아버지를 원한다

●

어떤 아버지가 되어야 하는지 확신이 서지 않을 수도 있다. 그렇다면 딸에게 물어보라. 딸은 알고 있다. 아버지는 딸에게 무엇이 필요한지, 또 자신이 딸의 자존감 형성에 어떤 영향을 주는지 잘 알수록 자신의 행동과 가정 분위기를 더 바람직하게 바꿀 수 있다. 여기에 좋은 아버지가 될 수 있는 여러 가지 조언을 담아보았다.

1. 다양한 유형의 여성들을 존중한다
이는 그들과 관심 있게 대화를 나누는 모습을 딸에게 보여주거나 그들에 대해 좋게 이야기함으로써 가능하다. 여자에겐 외모보다 더 중요한 것이 있다는 사실을 딸이 알게 해주어야 한다. 예를 들어 사회에 대한 기여, 자신을 바라보는 긍정적 시각, 타인에 대한 영향력 등이 중요하다고 알려주어야 한다.

2. 몸무게와 연관 지어 칭찬하지 않는다

딸에게 "우와, 예뻐졌네. 살이 빠진 거로구나!"라고 말하면 딸은 '그럼 그동안 내가 뚱뚱했다는 말이구나!'라고 생각한다.

3. 딸이 좋아하는 것에 관심을 기울인다

딸이 무엇을 하고 싶어 하는가? 운동? 연기? 미술? 딸에게는 외모만으로 판단할 수 없는 많은 가능성이 있다. 딸에게도 이 사실을 인지시켜주어야 한다.

4. 딸이 자연스럽게 말을 걸 수 있는 분위기를 만든다

딸이 아빠에게는 무슨 이야기든 할 수 있다고 느끼게 해주어야 한다. '내가 속마음을 털어놓아도 아빠는 나를 꾸짖지 않을 거야' '아빠는 내 편이야'라고 느끼게 해주어야 한다.

5. 딸에게 자신을 보호할 줄 알아야 한다고 가르친다

호신술 수업을 같이 듣는 것도 좋다. 딸에게 "너를 자랑스럽게 생각한다."는 말을 해주어야 한다. 그리고 자신을 지지하는 법을 알려주어야 한다.

6. 딸의 세계에 영향을 주는 것을 잘 알아야 한다

페이스북도 확인하고 가수 비욘세에 대해서도 잘 알아두고 딸이 쓰는 언어로 대화할 줄 알아야 한다.

7. 부모 역할을 삶의 최우선 순위에 둔다

아버지로서의 역할을 텔레비전 시청이나 전화 통화, 친구들과의 모임, 취미 생활, 심지어 일보다도 더 중요하게 여겨야 한다. 딸을 키우는 시간은 한 번 지나가면 되돌리지 못한다. 딸에게는 아버지가 필요하다.

8. 자신의 문제나 걱정거리는 알아서 잘 해결한다

우리는 모두 다양한 마음의 짐을 가진 채 부모가 된다. 그 가운데 일부는 긍정적 역할을 하여 앞으로 닥칠 일을 잘 준비할 수 있게 해준다. 반면 일부는 부모로서 대처하고 말하고 행동하는 방식에 부정적인 영향을 준다. 이런 요소들을 잘 해결해야 한다.

음식 섭취에 문제가 있다면 자녀에게 영향을 주지 않도록 미리 그 문제를 해결해야 한다. 만일 여성의 외모를 따진다면 그런 성향을 바꾸어야 한다. 그래야 딸이 자기비하를 하거나 스스로 못생겼다고 생각하게 만들지 않는다.

만일 자신의 몸매에 대한 생각이 부정적이라면 전문가의 도움을 받아야 한다. 그래야 낮은 자존감이 딸에게 전이되지 않는다.

9. 존중하는 남편과 아버지가 된다

딸은 아버지가 엄마에게 하는 행동을 보면서 아버지가 여성을 얼마나 존중하는지 파악한다. 뿐만 아니라 딸은 그런 행동을 통해 자신을 어떻게 인식해야 하는지, 나중에 만날 배우자와의 관계를 위해 어떤 준비를 해야 하는지도 파악한다.

10. 딸의 말에 귀를 기울인다

자기 말을 들어주고 자기가 기대어 울 수 있는 사람이 딸에게 필요한 전부일 때가 있다. 딸에게 이렇게 물어보라. "아빠가 조언을 해주길 바라니, 아니면 그냥 네 얘기만 들어주길 바라니?"

11. 칭찬하는 일을 두려워하지 않는다

아버지가 딸에게 "그 옷 입으니 진짜 예쁜데!"처럼 외모를 칭찬하는 것이 사회적으로는 성적인 분위기를 풍기는 말로 인식되어 유감스럽다. 하지만 외모에 대한 칭찬이 모두 성적인 분위기를 띠는 것은 아니다. 그러니 과감하게 칭찬해주어야 한다. 딸은 그런 칭찬을 듣고 싶어 한다.

12. 아버지의 역할을 다한다

10대 딸의 양육을 엄마에게만 맡기면 안 된다. 딸에게는 엄마만 필요하지 않다. 아들에게 아버지만 필요하지 않듯이 말이다. 양육에 적극적으로 개입해보자!

13. 딸에게 자신의 단점을 숨기지 않는다

괜찮다. 아버지로서 완벽할 수는 없다. 딸은 아버지가 실수를 저질렀을 때 그것을 처리하고 책임을 지며 용기 있게 일어서는 모습을 볼 수 있어야 한다.

14. 딸을 전인적 존재로 대한다

딸에게 예쁘다는 말을 해주는 것은 좋지만 그 말이 전부여서는 안 된다. 딸의 장점, 잠재력, 지능, 관심사 등 딸의 개성과 특별한 점에 대해서도 말해주어야 한다.

15. 모순된 행동을 하지 않도록 조심한다

딸에게 외모는 중요하지 않다고 말해놓고 연예인의 미모를 칭찬하거나 야구장 치어리더에게 넋을 빼는 모습을 보여선 안 된다.

16. 신체 활동을 많이 한다

딸과 함께 공차기, 원반던지기 놀이, 산책, 도보 여행, 캠핑, 자전거 타기 등을 해보자. 그러면서 사람의 몸에는 놀라운 능력이 있다는 사실을 딸에게 보여주자.

17. 자기 의견을 분명히 드러낸다

딸이 접하는 잡지나 광고 등 대중매체의 내용이 마음에 들지 않는다면 잡지 편집자나 회사 최고 경영자에게 메일을 보내보자. 이런 문제에 무관심해서는 안 된다. 답장을 받지 못할 수도 있지만 딸은 이런 아버지의 태도에 분명히 영향을 받는다.

18. 비난하는 말을 하지 않는다

딸은 '너는 부족하다'라는 뜻이 함축된 메시지에 수도 없이 노출된다. 아버지까지 그런 말을 해줄 필요는 없다. 설령 그렇게 생각하더라도 입 밖으로 꺼내지 말아야 한다. 또한 딸에게 별명을 붙인다든가 몸매로 놀린다든가, 비교를 한다든가, 살을 빼거나 외모를 바꾸어야 한다고 말해선 안 된다. 만일 그렇게 한다면 이 사회에서 주입하는 '너는 늘 부족하다'라는 유해한 메시지를 딸이 그대로 받아들이게 돕는 셈이다.

19. 감성지능을 키운다

《아버지와 딸 사이(Between Fathers and Daughters)》를 쓴 린다 닐슨 교수는 아버지들에게 딸의 감정을 묻는 데 더 많은 시간을 들이라고 조언한다. 예를 들면, "요즘 어떻게 지냈니?"라고 묻기보다 "오늘 무엇 때문에 가장 행복했니?"라고 물으라는 것이다.

몸매에 대한 생각, 몸무게, 대중매체의 메시지와 관련해서도 이렇게 질문하면 좋다. 딸이 누군가 자신의 몸무게를 들먹이며 놀렸다면서 풀이 죽어 있다면 언제 어떤 상황에서 그런 일이 있었는지 꼬치꼬치 캐묻지 말아야 한다. 그보다는 "그 애의 말을 듣고 어떤 기분이 들었는지 말해보렴."이라고 말하며 딸의 감정을 물어보아야 한다. 그리고 "아빠가 어떻게 해야 도움이 되겠니?"라고 물어보아야 한다.

20. 말투, 뉘앙스, 단어 선택에 주의한다

딸에게 몸이나 몸무게에 대한 이야기를 할 때 자신이 하는 말에 가만히 귀 기울여보라. 무시하는 느낌이 담겨 있는가, 아니면 존중하는 느낌이 담겨 있는가? 일반적인 이야기를 하는가, 아니면 눈앞의 문제에 연연해서 말하는가? 딸이 동의하지 않을 때 목소리를 높여 따지는가, 아니면 딸의 생각을 이해하려 하는가?

이는 무엇을 말하느냐, 그리고 어떤 식으로 말하느냐의 문제다. 아버지는 딸을 존중하고 딸의 필요를 헤아려 거기에 침착하게 반응해주어야 한다.

21. 아버지와 딸만의 특별한 시간을 갖는다

함께 외출을 하건, 집에 있건, 자전거를 타건 무엇이든 상관없다. 딸과 함께하면 된다.

22. 딸이 항상 곁에 있다고 생각하며 생활한다

예를 들어, 아버지의 동료들이 여성의 외모나 몸무게를 비난하는 말을 할 때 딸이 바로 옆에서 아버지의 손을 잡고 있다고 상상해야 한다. 그렇다면 아버지는 어떤 반응을 보일까? 그 상황을 수치스럽게 여기지 않을까? 딸이 곁에 없더라도 딸에게 필요한 아버지가 되는 것이 중요하다.

23. 일찍 시작하라!

아버지는 딸이 사춘기나 10대가 되기 전부터 딸의 나이에 맞는 언어로 외모와 관련된 이야기를 해야 한다. 평소 아버지가 딸에게 "네 눈은 참 예뻐."라든가 "와, 그렇게 빨리 달리는 걸 보니 다리 힘이 엄청 좋구나!"라는 말을 자주 해주었다고 가정해보자. 그러면 딸은 성장한 뒤에도 아버지가 외모에 대해 이야기하는 것을 생소하거나 이상하게 여기지 않는다.

나는 아버지가 돌아가실 때 곁에서 임종을 지켰다. 그때 아버지는 "사랑한다."라는 말씀 외에 "좀 더 좋은 아버지가 됐어야 했는데……."라는 말씀을 하셨다. 어쩌면 아버지 말이 맞는지도 모른다. 하지만 내가 난관에 부딪힐 때면 언제나 "딸, 넌 할 수 있어."라는 아버지의 목소리가 마음속에서 들려온다. 내가 잘하고 있는지 의심이 들 때면 "힘을 내거라."라는 아버지의 목소리가 들려온다.

아버지는 더 좋은 아버지가 됐어야 했다고 생각하셨을지 모르지만 내가 아버지와 함께한 기억은 더없이 좋기만 하다. 그렇다고 매일 웃으며 지내지도 않았고 선물을 많이 받지도 않았다. 문제가 늘 쉽게 해결된 것도 아니고 완벽한 부녀 관계도 아니었다. 하지만 함께한 기억이 그렇게 좋을 수가 없다. 당신의 딸은 당신을 어떻게 기억할까?

Body Image Quotient ;
√ 아버지와 딸의 관계로 판단하기

Q1 딸에게 몸무게 관리 좀 하라는 말을 자주 한다.

  A 그렇다. 딸이 사회에 나가 성공하려면 날씬하고 예쁘고 매력적일 필요가 있다.

  B 가끔씩 한다. 하지만 딸이 건강한 몸을 유지했으면 하는 마음뿐이다.

  C 전혀 안 한다. 맛있게 먹고 즐겁게 사는 것이 건강한 삶이라는 것을 몸소 보여주려고
    노력한다.

Q2 가족과 있을 때 몸무게, 음식, 비만에 관한 대화가 시작되면……

  A 대화에 끼어들지 않고 여자들끼리 이야기하게 놔둔다. 내 입에서 부정적인 말이 나갈
  걸 알기 때문이다.

  B 긍정적인 말로 가끔씩 대화에 끼어든다.

  C 적극적으로 함께 이야기하되 몸무게보다는 건강이 더 중요하다는 사실을 강조한다.

Q3 나는 딸의 몸무게와 외모에 대해 자주 언급하는 편이다.

  A 그렇다. 살이 좀 찐 것 같으면 바로 말해준다.

  B 가끔씩 말한다. "정말 예뻐 보이네." 또는 "감자칩 좀 그만 먹어야겠다."라고 하는 정

도이다.

C   딸의 외모도 긍정적으로 말해주지만 대부분은 딸이 얼마나 열심히 노력했는지 얼마나

좋은 친구인지 등 다른 부분에 대해 칭찬해준다.

Q4 누군가 나에게 딸에 대해 잘 아는지, 딸의 관심사가 무엇인지, 딸의 가장 친한

친구가 누구인지, 딸이 몸무게 때문에 걱정하지 않는지 물어본다면……

A   딸을 깊이 알지는 못한다고 답한다.

B   딸의 관심사는 조금 알지만 속마음까지는 잘 모른다고 답한다.

C   몸무게든 친구 문제든 딸하고는 어떤 주제로도 이야기를 나누는 사이라고 말한다.

Q5 가족과 식사할 때 몸무게나 음식에 대한 대화를 하게 되면……

A   가족 중 누가 얼마나 살을 빼야 하는지, 누가 어떤 음식을 먹지 말아야 하는지에 대해

이야기한다.

B   가족 중 다이어트를 하는 사람이 있으면 그것에 대해 이야기할 때도 있지만, 맛있는

음식에 대해 이야기할 때도 있다.

C   가족과는 몸무게에 대한 이야기를 하지 않는다. 각자 하루를 어떻게 보냈는지 등에 대

해 이야기를 나눈다.

A (각각 1점)	B (각각 2점)	C (각각 3점)	총점

Part 04

자매는
동지인가, 적인가

　물론 문제 요소가 부모에게만 있는 것은 아니다. 조사 결과에 따르면 마른 몸을 이상적으로 생각하는 가정에서 자라는 딸은 섭식장애를 겪거나 자기 몸에 불만을 느낄 확률이 더 커진다. 딸은 가족 문화가 어떠냐에 따라 집을 안전한 보금자리로 느낄 수도 있고 전쟁터로 느낄 수도 있다.

　내 친구 제시에게 집은 전쟁터였다. 나는 아홉 살 때부터 제시를 봐왔는데, 제시와 그녀의 세 자매 모두 10대 때 몸 여기저기를 성형수술로 손보았다. 사실 그 집 가족은 모두 건강해 보였기 때문에 날씬해지기 위해 혈안이 되어 있는 그 가족이 나는 항상 이상하다고 생각했다. 하지만 제시네 네 자매는 지방흡입술을 해야 한다느니, 엉덩이가 축 처졌다느니 하면서 늘 불평을 늘어놓았다. 그런 가정에서 자랐기 때문에 제시에게 뚱뚱한 것은 '죄악'이었다.

그렇다고 제시네 자매가 서로를 노골적으로 비웃진 않았다. 장난스러운 표정을 짓거나 낮은 소리로 낄낄거리면서 은밀하게 비웃을 때가 더 많았다. 하지만 제시는 언니가 날 선 눈빛으로 쳐다보기만 해도 자존감이 와르르 무너지곤 했다. 이는 연구원 니키 크릭과 제니퍼 그로피터가 말한 '은밀한 공격'에 해당한다. 두 사람은 1995년에 이 말을 처음으로 만들어냈다. 은밀한 공격은 또래 사이에서 많이 나타나는데, 형제자매도 집에서 몰래 싸우거나 주도권을 잡기 위해 이러한 행동을 한다.

〈초기 청소년기 저널(Journal of Early Adolescence)〉에 실린 조사 결과에 따르면, 가족 중 자신의 외모에 대해 부정적인 말을 가장 많이 하는 사람이 형제자매라고 답한 여학생이 50%였다. 물론 형제자매가 부정적인 말을 할 때 항상 공격하려는 의도로 그러는 것은 아니다. 하지만 형제자매가 외모나 몸매를 지적하면 더 심각하게 받아들인다. 예를 들면, 형제자매가 "너는 나보다 코가 낮아."라고 말하면 듣는 당사자는 "너 코 성형수술 좀 받아야겠다."라는 뜻으로 받아들인다.

성형수술을 며칠 앞둔 어느 날 제시와 나눈 대화가 아직도 생생하게 떠오른다. 나는 제시의 침대에 걸터앉아 왜 수술을 하냐고 강한 어투로 물었다. 그러자 제시가 이렇게 말했다.

"거울을 볼 때마다 성형수술을 해야 한다는 생각이 들어. 그래서 거울을 일부러 안 본다고 해도, 언니들이 항상 그 생각을 일깨워줘."

그 말을 하는 제시의 얼굴에 씁쓸한 미소가 감돌았다.

자매는 상당히 큰 영향을 준다. 나이와 성장 단계가 비슷하다면 쉽게 비교 대상이 되기 때문이다. 일부 조사 결과에 따르면 사춘기 자매는 몸무게와 관련해 역할 모델이 되기 때문에 엄마 못지않은 영향력을 가진다고 한다. 분위기가 긍정적이고 서로 힘을 북돋아주는 가정에는 좋은 소식일 수 있다. 열여덟 살 레이첼의 경우가 그렇다.

"우리 언니는 77사이즈를 입지만 언제나 당당하고 정말 예뻐요. 연예인들의 몸매나 외모를 평가하지도 않고, 그들과 비교해 자신을 비하하지도 않아요. 그런 언니를 보고 있으면 저도 덩달아 당당해지는 것 같아요. 제가 친한 친구들과 달리 마르지 않았는데도 말이죠."

하지만 분위기가 부정적인 가정이라면 자매 때문에 폭식증이나 거식증 같은 섭식장애가 생길 수 있고, 불안감에 전염될 확률도 높다. 스물한 살 앰버는 이런 말을 했다.

"언니는 허벅지 때문에 늘 괴로워했어요. 옷맵시가 나질 않는다며 아무 옷이나 입으려 하지 않았어요. 그런데 지금 저도 그래요. 사람들이 언니와 저는 체격이 다르다고 하는데도 그렇게 되더라고요."

엄마와 딸의 관계와 마찬가지로, 자매는 몸무게라는 공통 관심사를 중심으로 강한 연대감을 형성한다. 그런데 자신을 컨트롤하지 못하면 이러한 연대감에 완전히 지배되어 정체성이 약해질 수 있다. 화가 지망생이던 열여섯 살 조셀린의 경험을 들어보자.

"언니는 아담하고 마른 몸매를 타고났어요. 155센티미터에 48킬로그램이거든요. 게다가 치어리더라 몸매도 탄탄해요. 언니는 집에서 스포츠 브라에 핫팬츠만 입고 돌아다니는데, 그런 언니 옆에 있으면 저는 마치 고래가 된 기분이에요. 전 170센티미터에 63킬로그램이나 나가거든요. 부모님은 저도 언니 같은 몸매를 가져야 한다고 생각하세요. 그래서 언니가 시키는 대로 윗몸일으키기며 팔굽혀펴기, 운동장 달리기 같은 걸 따라 해야 했어요. 제가 너무 힘들어하면 언니는 잔소리를 엄청 해댔죠. 엄마 아빠는 웃으면서 더 열심히 하라고 거드시고요."

부모가 시키지 않아도 여동생은 언니에게 뒤지지 않으려 하고, 언니처럼 되어야 한다고 느낀다. 그러나 또 한편으로는 독립된 존재로 인정받아 언니의 그늘에서 벗어나고 싶어 한다. 몸무게가 비교 요소가 된다면 한 사람은 '나는 언니(여동생)보다 뚱뚱하다'라는 생각에서 벗어나지 못한다. 이때 언니나 여동생은 자신이 부족하다는 사실을 늘 일깨워주는 '달갑지 않은' 존재가 된다.

이와 반대되는 상황도 있다. 열여덟 살 애비게일의 경우다.

"여동생은 항상 저보다 덩치가 컸지만 저는 대수롭지 않게 생각했어

Say What?

"언니 옆에 있으면 내가 너무 뚱뚱해 보여."라고 둘째딸이 말한다면……

No "그러니까 다이어트 좀 열심히 해."

Good "왜 그런 생각을 하니? 지금 입은 옷이 너한테 아주 잘 맞아서 네 예쁜 몸매와 큰 키가 잘 드러나는걸!"

요. 그런데 좀처럼 칭찬을 안 하던 아빠가 어느 날 여동생한테 '작작 좀 먹어라. 네 언니가 그렇게 많이 먹던?'이라고 하는 걸 엿들었어요. 순간, 조금 먹는 게 칭찬받을 일이라면 거의 먹지 않는 게 더 바람직하겠다는 생각이 들었어요. 그때부터 저의 거식증과 여동생의 폭식증이 시작되었어요."

부모는 딸이 자신의 몸매와 신체 치수에 자신감을 갖도록 도와주어야 한다. 다른 자매의 몸매와 외모를 기준 삼아 거기에 맞추게 해서는 안 된다. 또한 자신감은 몸매가 아니라 내면에서 나온다고 알려주어야 한다. 부모가 딸들을 서로 비교하면 자매 사이에 이미 존재하는 경쟁심을 더 부추기게 된다.

자매간의 경쟁

•

"친척들은 언니를 '말라깽이'라고 불렀어요. 저는 언니에 비해 뚱뚱하다는 말을 듣고 싶지 않아서 살을 뺐어요. 그러자 친척들이 둘 다 너무 말랐다고 하더라고요. 그 말을 듣자 제 자존감이 높아지는 걸 느꼈어요."

스물여섯 살 올리비아의 예에서 볼 수 있듯이, 한 집에 살면서 영향을 주고받는 자매는 서로 경쟁할 수밖에 없다. 이는 마치 보드게임에서 말의 움직임을 보는 것과 같다. 언니든 동생이든 누군가 앞으로 한 발 나아가면 다른 자매가 그녀를 따라잡거나 앞서간다. 때로는 그 자매와 차별화된 특징을 만들기 위해 완전히 반대 방향으로 가기도 한다. 그렇기 때문에 자매 가운데 한 명은 책임감이 강한 반면 다른 한 명은 예측하기 힘든 성격을 지닐 수 있다. 한 명은 책을 좋아하고 다른 한 명은 사람들과 어울리는 걸 좋아할 수 있다. 하지만 부모는 자매가 벌이는 선의의 경쟁이 총력전으로 발전하지 않도록 신경 써야 한다. 스물세 살 맨디는 이런 말을 했다.

"여동생이 고등학교에 들어가자 살을 좀 뺐나봐요. 꽉 끼긴 했지만 44사이즈 청바지가 들어가더라고요. 동생은 그때부터 굉장히 잘난 척을 했어요. 그 전까지는 제가 더 날씬하다는 소리를 들었기 때문에 동생의 콧대를 꺾어주고 싶었어요. 그래서 '넌 여전히 통통하고 토실토실해'라는 말을 자주 했어요. 동생은 아무 대꾸도 안 했지만 분명 신경이 쓰였을 거예요."

《마이 시스터, 마이 셀프(My Sister, My self)》의 저자 비키 스타크에 따르면, 대부분의 여성이 친자매에게는 솔직하게 말한다. "이 바지 입으면 뚱뚱해 보여?"라고 물었을 때 솔직하게 말해주는 사람이 바로 친자매다. 하지만 여기에도 어느 정도의 선은 존재한다. 비키 스타크는 건강하고 친밀한 자매 관계에는 각자 '침범 금지 영역'이 있다는 사실을 발견했다. 스물한 살 브레나가 그런 경우였다.

"제 여동생은 제가 몸무게에 민감하다는 걸 알고 있어요. 제가 몸무게에 관한 문제에 매우 취약하고, 이를 감추고 싶어 하는 것도 알아요. 절대 몸무게로 절 건드리지 않아요. 그렇지 않으면 사이가 틀어질 것을 알기 때문이죠."

하지만 상대에 대한 배려와 솔직함 사이에서 균형을 잡지 못하는 자매도 있다. 어떤 자매는 상대의 침범 금지 영역을 살짝 건드릴 정도로 솔직하게 나온다. 또는, 주도권을 잡거나 자신이 우위에 있다고 느끼기 위해 악의적으로 그 영역을 침범하기도 한다.

너무 솔직한 언니들

●

170센티미터에 136킬로그램의 거구인 스물한 살 킴미는 '객관적으로' 날씬하고 예쁜 큰언니와 자신보다는 날씬한 쌍둥이 언니에게 늘 비교당했다. 킴미가 열두 살 때 엄마가 돌아가시면서 안 그래도 사이가 안 좋았던 자매 사이의 갈등은 더욱 고조되었다.

"제가 엄마를 가장 많이 닮았는데 언니들이 그 점을 질투했어요. 저는 쌍둥이 언니와 매일 심하게 싸웠고, 손찌검을 당하기도 했어요. 엄마를 잃었으니 의지할 데라곤 서로밖에 없는데 우리는 마음 깊이 서로를 미워했어요. 그리고 언니들은 항상 제 몸무게를 들먹이며 역겹다느니 괴물이라느니 하며 심한 말을 했어요."

비키 스타크의 책을 보면 "여자아이들은 자매에게서 엄마를 대신할 사람을 찾지만 누구도 엄마의 자리를 대신하지 못할 때 점점 좌절하고 치미는 화를 느낀다."고 한다. 킴미 자매가 극심한 갈등을 겪으면서 서로를 괴롭힌 이유는 여기에서 찾을 수 있을 것이다.

킴미의 자매들은 데보라 태넌이 말한 가족 관계의 '불균형'을 자초하고 있었다. 태넌은 자신의 책 《그래도 당신을 이해하고 싶다》에서 가족 관계가 균형을 이룰 때 모두가 동등한 공동체가 형성된다고 설명했다. 반면, 각 구성원 사이에 서열이 존재하면 (킴미와 자매들의 서열은 '몸무게' 로 결정된다) 구성원 간 불공평과 불균형이 생기고, 결국 계층이 형성된 다고 설명했다. 이러한 계층 구조로 볼 때 킴미의 서열은 맨 밑이었고, 두 언니들은 킴미를 노골적으로 배척했다.

킴미는 언니들과 어울리기 위해 노력했다.

"살을 빼려고 별짓을 다했어요. 먹자마자 토하는 걸 일 년 이상 한 적도 있고, 몇 날 며칠 사과와 포도만 먹기도 했어요. 저도 매력적인 애 가 되고 싶었어요. 언니들처럼 남자애들의 시선을 끄는 애 말이에요."

두 언니가 킴미를 변화시키려고 시도한 적도 있다고 했다.

"언니들이 메이크업을 해주고 머리를 만져준 적도 있어요. 외모 좀 바꿔주려고요. 옷도 쫙 빼입어봤어요. 하지만 별로였어요. 언니들은 항 상 '그 옷 이상하다'가 아니라 '그 옷 네가 입으니까 이상하다'라는 식으 로 말했으니까요. 그것도 아빠 앞에서요."

"아빠는 그 말을 듣고 뭐라고 하셨어요?"

"아무 말도 안 하셨어요. 아빠는 '내 일 아니면 신경 쓰지 말자' 주의 였어요. 어렸을 때 저를 가장 예뻐했는데, 엄마가 돌아가신 뒤로는 제 게 무관심해졌어요. 제가 뚱뚱해서 아빠가 저를 루저로 보는 것 같아 요. 하지만 언니들한테는 달라요. 언니들이 아빠한테 애교도 잘 부리니 까 지금은 언니들을 좋아해요."

"언니들과 비슷한 부분은 없어요? 관심사나 취미 같은 거?"

나는 '외모' 얘기에서 벗어나 킴미가 언니들과 자신이 동격이라고 생각하는 부분을 찾을 수 있기를 바라며 물어보았다. 킴미는 큰언니가 음악과 연극을 좋아하는 점이 자신과 비슷하다고 했다.

킴미는 큰언니의 제안으로 지역 극단에 같이 입단했는데, 큰언니가 새 친구들을 사귀고는 킴미를 따돌렸다고 한다. 하지만 언니는 곧 싫증을 느껴 극단을 떠났다.

"내가 뚱뚱하고 못생겼다고 떠벌리고 다닐 언니가 극단에 없으니까 편하게 친구를 사귀었어요. 난생처음 온전한 제가 될 수 있었어요. 그리고 사람들이 저를 좋아한다는 걸 알게 되었어요. 그 친구들은 저와 함께 있고 싶어 했어요. 그곳에서 가장 친한 친구 페이스를 만났어요. 페이스의 엄마는 저를 초대해 저녁도 해주시고, 쇼핑에도 데려가셨어요. 옷을 고를 때 제가 페이스 자매들에게 조언을 하면 모두 제 의견을 받아들였어요. 마치……."

킴미는 생각에 잠긴 듯 잠시 말을 멈추었다.

"…… 갑자기 제가 가치 있는 존재가 된 것 같았어요."

킴미는 엄마를 잃고 힘들어할 때 페이스의 엄마가 자신을 딸처럼 대해주었다고 했다. 연극 공연 때 입을 킴미의 의상도 골라주고 '잘 어울린다' '예쁘다'라는 말로 격려해주었을 뿐 아니라, 온 가족과 함께 공연을 보러 오기도 했다.

하지만 킴미의 언니들은 페이스 가족의 사랑으로 한껏 고양되어 있던 킴미에게 찬물을 끼얹었다. 공연장에 온 킴미의 쌍둥이 언니는 이렇게 말했다.

"왜 그 옷을 입고 있어? 나이 들어 보이고 덩치도 엄청 커 보여. 너한 테 어울리는 옷을 사려면 내가 같이 가줘야겠다. 나야말로 정확하게 말해줄 수 있으니까."

집에서 끊임없이 비난을 듣는다면 집에 들어가기 싫어진다. 그래서 킴미는 극단이나 페이스 집에서 자는 날이 많다. 하지만 가족과의 관계를 완전히 끊지는 않았다. 킴미는 언젠가 상황이 달라질 거라고 조심스럽게 낙관했다.

"물론 언니들은 절대 달라지지 않겠죠. 하지만 지금 전 집 말고도 갈 데가 있잖아요. 저는 드디어 누군가에게 의미 있는 존재가 되었어요. 마침내 온전한 제가 되었다고요."

오빠와 오빠의 여자친구

•

나의 오빠 마르크에겐 항상 여자친구가 있었다. 오빠는 나보다 다섯 살이나 많기 때문에 오빠의 여자친구들은 내 눈에 항상 여신처럼 보였다. 나는 오빠가 여자친구를 바라보고 여자친구를 만지는 모습을 관찰했다. 한번은 오빠가 자기 무릎에 앉은 여자친구의 다리를 어루만지며 다리가 정말 예쁘다고 했다. 나는 그 모습을 보고 그때까지 한 번도 해본 적이 없는 일을 했다. 다리털을 면도해버린 것이다. 오빠는 말 한마디 하지 않고도 남자가 여자의 털 없는 다리를 좋아한다는 사실을 확실히 알려주었다. 그래서 나는 면도를 했고 엄마에게조차 그 사실을 알리

"저는 사춘기 때 오빠가 집에 데려온 여자친구들을
유심히 관찰했던 것 같아요. 그 언니들은 모두 비쩍 말랐지만
가슴만은 정말 컸어요. 그 언니들을 보면서 '나도 꼭 살을 빼야지.
그리고 브라에 패드도 넣을 거야'라는 생각을 했어요."

_ 열아홉 살 조디

지 않았다.

남자 형제, 특히 오빠는 아버지와 마찬가지로 남자가 무엇을 좋아하는지 알 수 있는 기준이 된다. 여자아이는 오빠를 보면서 다음의 중요한 질문에 답을 얻는다.

남자들은 어떤 여자를 좋아할까?

여자아이는 오빠가 집에 어떤 여자를 데려오는지, 어떤 여자에게 반하는지, 잡지에서 어떤 여자에게 눈길을 주는지 보면서 남자들이 어떤 여자를 좋아하는지 파악한다.

남자들은 여자가 어떻게 행동하는 걸 좋아할까?

여자아이는 오빠가 여자에 대해 하는 말을 듣는다. 예를 들어, 오빠가 어떤 여자의 행동에 대해 화를 내거나 칭찬을 한다면 이런 이야기를 통해 여자가 어떻게 행동해야 남자가 좋아하는지를 파악한다.

남자들은 내 몸매를 어떻게 바라볼까?

자기 허벅지가 뚱뚱하다고 생각하는 여자아이는 오빠가 다른 여자아이의 허벅지를 보고 두껍다고 놀리면 이를 민감하게 받아들인다.

남자아이들은 부모의 행동을 본보기로 삼는다. 부모가 딸을 지지하고 칭찬하면 아들도 그렇게 하지만, 부모가 딸을 비난하고 함부로 대하면 아들에게도 그렇게 하라고 부추기는 셈이다. 아버지에게 '쁘띠꼬숑'

이라고 놀림을 받던 엠마 이야기를 앞에서 소개한 적이 있다. 그런데 엠마의 오빠들도 아버지가 하는 것과 똑같이 엠마와 엄마의 몸무게를 들먹이며 놀린다고 했다.

하지만 놀리는 것이 항상 상대방을 괴롭히는 것은 아니다. 형제자매가 하는 어떤 놀림은 서로를 좋아한다는 정감 어린 표현일 수 있다. 나는 어릴 때 남동생과 어디서나 장난삼아 말다툼을 했다. 식탁에서 그럴 때도 있었는데 부모님은 그날 기분에 따라 언짢아하기도 하고 기분 좋게 받아들이기도 했다. 말다툼은 대부분 재미있었다. 우리는 서로 한마디씩 주고받으며 웃곤 했다. 하지만 계속 한쪽만 공격하고 다른 한쪽은 상처만 받는다면 부모가 개입을 해야 한다.

형제자매 갈등 해결의 10가지 원칙

●

형제자매가 갈등을 겪을 때 스스로 해결하게 놔두는 부모들이 있다. 이런 부모는 자녀들끼리 승부가 날 때까지 싸워봐야 협상하는 방법과 자기주장을 펼치는 기술을 배울 수 있다고 생각하는 것 같다. 물론 자녀들이 건강한 성인이 되는 과정에서 이러한 기술을 배울 필요는 있다. 하지만 딸이 자존감을 훼손당할 때까지 자녀끼리 싸우도록 내버려두어서는 안 된다. 킴미와 언니들의 싸움이 그랬듯 말이다.

여기에 자녀가 갈등을 잘 해결할 수 있도록 가르치는 원칙 열 가지를 소개한다.

1. 말하기 전에 생각하게 한다

예를 들어 '내가 진짜 하고 싶은 말이 뭐지?' '지금 내 기분은?' '내가 이렇게 화가 난 진짜 이유는 뭘까?' '어떻게 하면 내 의견을 부드러우면서도 단호하게 전달할 수 있을까?' 등을 머릿속으로 생각한 뒤 말하게 한다.

2. 먼저 다가가 상대를 얼마나 소중하게 생각하는지 표현하게 한다

예를 들면, "너는 내게 소중한 사람이고, 난 널 좋아해." "넌 그냥 동생이 아니라 가장 친한 친구야."처럼 말한다.

3. 자신이 망설일 때 그 사실을 인정하게 한다

다른 형제자매를 화나게 하기 싫어서 하고 싶은 말이 있어도 안 하는 경우가 많다. 하지만 꼭 해야 할 말이라면 그 말을 하기 전에 많이 망설였다는 것을 표현하게 한다. 예를 들어, "그동안 네가 기분 나빠할까봐 이 말을 하지 않았어."라고 말하는 것이다.

4. '나'를 주어로 쓰게 한다

민감한 화제를 꺼낼 때는 '너'가 아닌 '나'를 주어로 말해야 한다. 예를 들어, "네가 그렇게 말하니까 내가 뚱땡이 바보처럼 느껴져."라고 하기보다는 "나는 네가 나한테 옷차림이 후지다고 말하면 상처 받아."라고 말하는 것이 낫다.

5. 상대를 깎아내리는 말은 하지 않게 한다

자신의 기분을 말해야지 '나쁜 년'이나 '뚱보'처럼 상대를 화나게 하고 자존심 상하게 하는 말을 하면 안 된다.

6. 자신의 실수를 인정하게 한다

갈등은 일방적인 것이 아니다. 자신이 논쟁이나 문제를 일으키는 데 일조했다는 사실을 인정해야 한다고 가르쳐라.

7. 일반화하지 말고 구체적으로 말하게 한다

일반화해서 말하면 상대에게 혼란과 상처만 주게 된다. 예를 들어, "너는 항상 나한테 그런 식으로 말해."라든가 "넌 항상 나한테 불친절해."라고 말하면 지금 직면한 갈등의 본질을 끄집어내지 못한다.

8. 진심으로 사과하게 한다

진심은 그렇지 않으면서 미안하다고 말하는 것은 의미가 없고 역효과를 낳는다. 충분히 반성한 후에 진심을 담아 사과하도록 가르친다.

9. 문제는 함께 해결하게 한다

형제자매는 평생 친구이기 때문에 자신들의 문제를 함께 해결하는 법을 배워야 한다. "우리 둘 모두에게 공평한 해결책은 뭘까?"라든가 "어떻게 해야 다음부터는 우리가 다르게 행동할 수 있을까?"라는 식으로 서로 물어보는 것이 좋다.

10. 지나간 갈등은 잊도록 가르친다

갈등이 해결되면 더는 유감을 품지 말아야 한다. 지금 벌어지고 있는 논쟁에 지나간 갈등을 들먹이면 안 된다.

자녀는 상대의 자존심을 건드리지 않으면서 자기주장을 펴고 문제를 함께 해결하는 방법을 알아야 한다. 그러면 성별에 따른 차이점, 즉 사춘기가 되면서 신체 변화가 확연하게 드러나는 남자 형제들과 여자 형제들 사이의 차이점도 극복할 수 있다.

긍정적인 가정환경 만들기

•

이상적으로 들릴지 모르겠지만, 부모는 가족이 텔레비전이나 컴퓨터에 빠져 있게 하지 말고 함께 얼굴을 마주 보며 시간을 보내게 해야 한다. 다 함께 저녁을 먹으면서, 둘러앉아 보드게임을 하면서, 또는 캠프를 즐기면서 가족만의 특별한 시간을 보낼 수 있다. 형제자매가 서로 지지하고 사랑하고 격려하는 가정환경을 만들려면 다음과 같이 해야 한다.

1. 힐스(HEALS)에 초점을 둔다

이는 자녀가 건강하고(Healthy), 활동적이고(Energetic), 적극적이고(Active), 생기 넘치고(Lively), 강해야(Strong) 한다는 의미다. 자녀가 몇 시간씩 컴퓨터 게임에 몰두하게 나두지 말고 몸을 움직여 활동적인 걸 하도록 격려해야 한다. 어린 자녀나 10대 자녀는 매일 60분 이상 활발한 신체 활동을 해야 한다.

2. 집에서는 '뚱뚱하면 좋지 않다'라든가 '말라야 좋다'와 같은 말을 쓰지 못하게 한다

집에 오는 손님에게도 그렇게 해달라고 부탁한다. 한 조사 결과에 따르면 긍정의 말을 더 많이 하는 것보다 부정적인 대화를 줄이는 것이 더 중요하다.

3. 정기적으로 가족이 함께할 수 있는 이벤트를 마련한다

가족이 다 함께 영화나 전시회 관람, 하이킹 등 취미 활동에 동참 하면 가족만의 시간을 가질 기회가 많아진다.

4. 다양한 시도를 해보게 한다

일정 기간 동안 무료 회원권을 주는 운동 시설도 있고, 일주일 동안 무료 체험 기회를 주는 체험 학습 시설도 있다. 이런 곳을 이용해보면 좋다. 또한 자녀의 생일 파티를 운동 시설이나 수영장에서 하면 운동에 대한 자녀의 흥미를 돋울 수 있다.

5. 자녀와 경쟁할 때 편하게 마음먹는다

함께 배드민턴을 치든 끝말잇기 놀이를 하든 부모가 지나치게 열성적이면 자녀는 잘해야 한다는 스트레스를 받는다. 너그러운 마음으로 자녀를 항상 응원해야 한다는 사실을 기억하자.

6. '우리는 어떤 가족인가?' 자문해본다

전문 강연자이자 자존감 회복 코치인 캐슬린 하산은 일 년에 한 번씩 가족 모임을 열어 '우리는 어떤 가족인가'를 주제로 대화를 나누었다. 캐슬린 하산 부부와 이제는 커버린 아이들은 가족의 목표뿐만 아니라 친절함, 다른 사람을 돕는 마음, 근면함 등 하산 가족의 특징에 대한 이야기를 나누었다. 그 모임에서 '외모'에 대한 이야기는 절대 하지 않았다고 한다.

친척과 지인에게 도움을 구하라

●

가족이 세워놓은 원칙이 친척, 친구, 이웃 때문에 깨질 수도 있다. 이들은 대부분 딸이 아기였을 때부터 알고 지냈으며, 순수한 호의와 관심을 갖고 있다. 하지만 이들이 딸에게 도움을 준답시고 한 행동이 상처를 주거나 반감을 불러일으키기도 한다.

열아홉 살 젤리사는 177센티미터에 까무잡잡한 피부, 스스로 '두툼하다'고 표현하는 체형의 소녀다.

"할아버지가 언니와 저에게 선물을 주셨어요. 언니가 선물상자를 먼저 풀었는데, 예쁜 캐시미어 스웨터가 나와서 너무 좋았어요. 제 선물도 예쁜 색깔의 스웨터일 거라 생각했거든요. 그런데 아니더라고요. 제 선물은 다이어트 셰이크였어요. 믿어지세요? 그건 선물이 아니에요. 저한테 모욕감만 준 거죠.”

내가 인터뷰한 여학생들 중에도 친척에게 체중 감량에 관한 책과 '웨이트 와처스(Weight Watchers, 체중감시단이라는 뜻의 다이어트 회사)' 회원권을 선물로 받은 사람이 있었다. 부모 입장에서는 이런 관심과 도움이 고맙게 느껴질 수 있다. 하지만 딸은 이런 선물을 받을 때 자신이 살을 빼지 않으면 남들과 평등한 대우를 받을 수 없을 거라 생각하게 된다. 따라서 부모는 친척에게 '애정을 쏟아주어 고맙다'라고 말하고, 마른 것이 유행인 세상에서 딸을 건강하게 키우기 위한 부모의 노력을 따라달라고 부탁할 필요가 있다. 친척이나 친한 지인은 다음의 세 가지 방법으로 도움이 될 수 있다.

1. 다른 사람을 자연스럽게 칭찬한다

여자아이는 자신과 친한 어른이 다른 사람의 좋은 점을 칭찬하는 것을 보면, 진심이 담긴 칭찬을 받아들이고 그렇게 칭찬을 하는 법을 배운다.

2. 부모 역할은 부모에게 맡긴다

친척과 친한 지인은 도움을 주는 역할을 하고, 훈육과 사랑의 매는 아이를 가장 잘 아는 부모에게 맡겨야 한다.

3. 딸이 친척이나 친한 지인에게 먼저 조언을 구하도록 격려한다

이들은 혼란과 좌절을 느끼는 아이에게 객관적인 입장에서 균형 잡힌 조언을 해줄 수 있다. 한 조사 결과에 따르면 대부분의 청소년이 부모 이외의 어른 한 명 이상과 중요한 관계를 맺고 있는데, 그중에는 친척도 많았다. 가까운 어른과 속마음을 털어놓고 상의할 수 있다면 아이는 매우 긍정적인 영향을 받으며 성장할 수 있다.

열일곱 살 몰리는 내게 이런 말을 했다.

"제가 몸무게 때문에 짜증을 낼 때마다 엄마는 자꾸 자신을 탓해요. 그래서 고모에게 얘기하기 시작한 것 같아요. 고모는 엄마보다 객관적이고 친구들보다는 덜 비판적이어서 제 고민을 털어놓기가 좋아요."

"엄마는 네가 고모와 상의하는 걸 섭섭해하지 않으셔?"

"아니요. 그냥 제가 고모와 얘기할 수 있어 좋다고 하던데요."

몰리의 엄마는 몰리가 믿을 수 있는 또 다른 어른과 시간을 보내도록 허용해주었다. 이로써 딸에게 소통의 기회를 열어주었을 뿐만 아니라 모녀 관계를 더 건강하게 만들었다.

엄마가 딸에게 이런 신뢰감을 보이지 못하면 '소통의 위기'가 올 수 있다. 청소년기 딸이 엄마와 제대로 소통하지 못하면 사회에 나가서도 우호적인 인간관계를 형성하지 못하기 때문이다.

여학생이 가정에서뿐만 아니라 밖에서도 의지할 사람이 한 명도 없다면 정서적 상실감이 얼마나 클지 상상해보라. 이 세상에 나 혼자뿐이라는 생각이 들 것이다.

나쁜 이웃을 조심하라

•

리타는 10대 초반 무렵 옆집에 사는 서른 살 여자 달라에게 완전히 반했다. 달라는 170센티미터의 키에 완벽한 몸매를 가졌고, 늘 유명 디자이너의 옷을 입고 세련된 화장을 하고 다녔으며, 말도 거침없이 하는 성격이었다.

"달라는 30대 초반의 여자 어른일 뿐이었는데 제 눈에는 대스타처럼 보였어요. 그때 제가 너무 어렸죠."

문제는 달라가 리타를 너무 막 대했다는 점이다. 아직 열 살밖에 안 된 리타의 가슴을 보고 '절벽'이라고 놀려 울리기도 했고, 조만간 뚱보가 될 거라느니, 몸매가 엉망이라느니 하는 말로 공공연한 언어 학대를 했다. 둘이 있을 때만 그런 것이 아니라, 리타의 부모와 친구들 앞에서도 거침없이 비난을 퍼부었다. 하지만 리타의 엄마는 그것을 심각하게 생각하지 않았다.

"그럴 때마다 엄마는 그냥 웃어넘기면서, 제게 너무 민감하게 생각하지 말라고 했어요. '너무 민감하다'라는 말이 머리에 박혀버려서, 아직도 생생히 들릴 정도예요."

리타가 고등학교 1학년 때 사건이 터졌다. 파티에 초대받아 온 달라가 사람들 앞에서 리타의 엄마에게 "리타는 나중에 임신하면 뚱보가 되어 엄마 등골을 빼먹고 살걸요."라고 하면서 리타의 욕을 한 것이다. 리타의 엄마는 몹시 화를 냈고 그 후로는 달라를 상대하지 않았다.

얼마 후 달라는 이사를 갔지만 리타는 그녀의 영향력에서 벗어나지 못했다. 리타는 그 여자가 자신에게 왜 그랬는지 이해할 수 없었지만, 언젠가 그녀를 다시 만날지도 모른다는 생각에 대학 시절 내내 살 빼는 약을 복용했다. 그리고 한 남자를 만나 청혼도 받았다. 그때 리타가 떠올린 사람이 달라였다. 리타는 날씬해진 몸매와 왼손에 낀 큼직한 다이아몬드 반지를 자랑하고 싶은 마음에 달라에게 전화를 걸었다.

"저는 달라를 만나 신부 들러리를 서달라는 부탁도 했어요. 제 모습을 본 달라가 깜짝 놀라더라고요. 잠시나마 기분이 아주 좋았죠. 그런데 그 여자가 다시 절 비난하기 시작했어요. '넌 뚱뚱하고 못생겼어. 네 결혼 생활은 오래가지 못할걸. 넌 아직 꼬맹이야'라고 했어요. 저는 그만 지껄이라고 하고는 그 부탁은 없던 걸로 하자고 했죠. 그 뒤로 그 여자완 완전히 연락을 끊었어요."

리타는 남편과 새로운 삶을 시작했지만 2년 반 만에 이혼했고, 그 상처를 치유하기 위해 상담을 받으러 다녔다. 리타는 무엇이 문제였는지 알고 싶었다. 그리고 자신의 불행감과 낮은 자존감은 이웃에게 학대당했던 경험, 그것을 무심하게 처리했던 엄마의 태도에서 비롯되었다는 사실을 알게 되었다.

"달라가 제게 끼친 부정적인 영향을 알게 되었지만, 제 마음속엔 아직도 그 여자가 있어요."

리타는 최근에 지방흡입술을 받았다. 중매 사이트에서 만난 남자가 그녀의 다리를 보고 너무 두껍고 못생겼다고 말했기 때문이다. 리타는 방법을 바꿔가면서 계속 다이어트를 하고 있다. 나를 만나던 당시엔 탄수화물을 전혀 먹지 않고 점심 저녁으로 베이컨만 먹는다고 했다. 덕분에 살이 많이 빠졌고, 사무실 사람들이 자신보고 상당히 예뻐졌다고 말해준다고 했다. 내가 볼 때 리타는 육체적으로나 정신적으로나 지쳐 있는 듯했다.

학대받은 사람은 종종 자신을 학대한 사람에게 다시 돌아가려고 한다. 그래서 나는 리타에게 달라에 대해 묻지 않을 수 없었다.

"이제 달라와 연락을 끊고 살아요?"

"아뇨. 꼭 그렇진 않아요. 페이스북 친구를 맺었거든요."

리타의 목소리가 점점 커졌다.

"그 여자한테 복수하고 싶어요. 이제 나는 그 여자가 그토록 멸시하던 꼬마애가 아니라는 걸 보여주고 싶어요. 내가 변했다는 걸요! 이런 말을 해주고 싶어요……."

리타는 생각에 잠기더니 조용한 목소리로 말했다.

"지금의 나를 보라고요."

여자는 상대방이 자신을 하찮게 여기는지 아닌지를 직관적으로 안다. 우리는 딸들에게 마음속 감정을 들여다보고 자기 생각을 표현하도록 가르치며 키워야 한다. 딸은 "난 하찮은 존재가 아니야, 그런 식으로 말하지 마. 지금뿐만 아니라 앞으로도 나한테 그런 말 하지 마."라고 표현할 줄 알아야 한다. 이렇게 자신을 보호하는 말을 할 줄 알아야 자신을 있는 그대로 받아들이는 법도 배우게 된다.

Body Image Quotient ;

✓ 가족이나 친척의 태도로 판단하기

Q1 외출하려는 언니에게 여동생이 "청바지가 너무 꽉 껴서 터질 것 같아."라고 지적한다. 이때 언니인 딸의 반응은?

　A "왜 항상 나보고 뚱뚱하다 그래?"라고 화를 내며 하루 종일 말싸움을 한다.

　B 조금 발끈했다가 다른 옷으로 갈아입고 나간다.

　C 자기 생각을 말한다. 스스로 괜찮아 보인다고 생각하면 그 옷을 그대로 입는다. 하지만 여동생이 한 말이 맞다고 느끼면 "바지가 나한테 좀 작네."라고 말하면서 다른 옷을 찾아본다.

Q2 딸이 "오빠가 자꾸 내 몸무게 갖고 놀리는 거 진짜 싫어."라고 말한다면?

　A "신경 쓰지 마. 오빠가 너 귀여워서 그러는 거야."라고 말한다.

　B 아들에게 "그만해. 너 때문에 동생이 속상해하잖아."라고 말한다.

　C 가족회의를 열어 몸무게와 몸매를 갖고 놀리는 것이 어떤 영향을 끼치는지 이야기를 나누고 놀리지 말자고 의견을 모은다. 아들에게는 여동생에게 진심으로 사과하게 한다.

Q3 할아버지 할머니가 생일 선물로 딸에게 다이어트 회원권을 주겠다고 한다.

A "좋은 생각이네요! 전 헬스클럽 회원권을 줘야겠어요."라고 말한다.

B "딸애가 어떻게 생각할지 모르겠네요. 한번 물어볼게요."라고 말한다.

C "좋은 생각이긴 한데 여자애들은 몸무게에 워낙 민감하잖아요. 일단 생일 선물로 무얼 받고 싶은지 물어보는 게 어때요?"라고 말한다.

Q4 친척들이 딸 앞에서 몸무게를 자주 화제에 올린다. 이때 나는……

A 대화에 동참한다.

B 화제를 바꾸려 애를 쓰지만 항상 뜻대로 되지는 않는다.

C 집에서는 몸무게 이야기를 하지 못하도록 정한다. 친척은 물론 모든 손님에게 그 사실을 알린다.

Q5 내 친한 친구가 좋은 말이든 나쁜 말이든 자주 내 딸의 몸매를 언급한다면?

A 친구 말에 동의한다. 좋은 친구란 서로에게 진실을 말해주는 사이니까.

B 웃어넘기면서 "넌 항상 그런 식으로 말하더라."라고 말한다.

C 친구를 만나기 전에 "네가 좋은 뜻으로 그러는 건 알지만 내 딸 몸매에 대해 언급하지 않았으면 좋겠다."라고 일러둔다.

A (각각 1점)	**B** (각각 2점)	**C** (각각 3점)	총점

Part 05

학교와 선생님이
외면하는 것들

초등학교 5학년인 키트는 매일 반 친구들에게 뚱보라고 놀림을 받았다. 괴로운 나날을 보내던 키트는 그 일들을 3개월 동안 다이어리에 기록했고, 어느 날 용기를 내서 담임 선생님에게 상담을 요청했다.

"그런데 선생님이 뭐라고 한 줄 아세요? '네가 살을 좀 **빼면** 애들도 더 이상 놀리지 않을 텐데. 안 그러니?'라고 했어요. 전 엄청난 충격을 받았어요. 그리고 집에 가자마자 그 다이어리를 던져버렸어요."

선생님은 학생의 행동에 중요한 영향을 끼친다. 선생님과의 상호작용이 긍정적일수록 학생의 사회성, 인지 능력, 언어 능력이 더욱 발달한다. 훌륭한 선생님은 지식을 가르치는 것만이 교육이 아니라는 것을 잘 알지만 이를 실천하는 일이 항상 쉽지는 않다.

학교의 무관심

●

5학년 담당 선생님인 재닛은 이렇게 말했다.

"이 사회는 선생님들에게 너무 많은 것을 요구해요. 좋은 대학에 갈 수 있도록 잘 가르쳐야 하는 건 기본이고, 왕따 문제나 학교 폭력 등 수업 외의 것에도 신경을 써야 하죠. 게다가 아이들의 인성 교육도 잘 시켜야 해요. 이러니 교사 개인이 자기계발을 위해 투자할 시간이 부족할 수밖에요."

최근에 평교사 1만 5,000여 명과 교장 선생님 1만 3,000여 명을 대상으로 조사가 실시되었다. 또한 뉴 티처 프로젝트(New Teacher Project, 어려운 학생들을 교육할 뜻있는 교사들을 양성하는 미국의 기관)에서도 교사 4만 명을 대상으로 교사 평가를 실시했다. 이들 조사 결과를 보면 훌륭한 선생님들은 자신의 실적을 인정받지 못하고 있으며, 보통의 선생님들은 발전에 필요한 피드백과 교사 훈련을 받지 못하고 있다고 한다. 또한 실적이 형편없는 선생님들은 대부분 그대로 교단에 서면서 언제든 '교체 가능한' 교사로만 인식된다고 한다. 선생님들이 학교 당국의 지원을 받지 못한다고 느끼면 그 자신 역시 학생들을 지원해주기가 어렵다.

선생님 뒤에서 벌어지는 일들

●

나는 선생님들의 커뮤니티 사이트에 "여학생이 몸무게 때문에 놀림을 받을 때 어떻게 하시나요?"라는 질문을 올렸다. 선생님들이 한 대답은 다음과 같다.

"우리 학교에선 서로 놀리는 일이 없어요."
"아이들에게 사이좋게 지내라고 말해야죠."
"여학생 어머니에게 알려서 문제를 해결하게 해야죠."
"저는 절대 부모님에게 알리지 않을 겁니다. 부모라면 자녀가 몸무게 때문에 문제를 겪고 있다는 말을 듣고 싶어 하시지 않을 거예요."
"상담 교사에게 알려 문제를 해결해야죠."

또 다른 선생님 전용 사이트에서도 한 상담 교사가 다른 학교의 상담 교사들에게 이런 질문을 했다. "여학생이 몸무게 때문에 놀림과 괴롭힘을 당할 때 이 문제를 어떻게 해결하시나요?" 대답은 제각각 달랐지만, 선생님들은 공통적으로 자신들이 너무 바쁘다고 생각했다.

열세 살 스테파니는 뚱뚱해서 왕따를 당하는 친구 에리카에 대해 이야기해주었다.

"한 아이가 에리카에게 '와우(WOW)'라는 별명을 붙였어요. 와우는 '이상하고(Weird) 뚱뚱한(Obese) 여자(Woman)'라는 뜻이에요. 그러자 인기 좀 있다는 아이들이 에리카 옆을 지나가며 '와우!'라고 하며 웃었어요. 선생님들은 무슨 일이 벌어지는지 눈치채지 못했어요. 하긴, 알았다 해도 어떻게 할 방법이 있었겠어요?"

내가 스테파니의 이야기를 꺼냈을 때 고등학교 음악 선생님인 토냐

"선생님들은 뭘 몰라요. 왕따에 대한 한 시간짜리
설교를 들으면 학생들이 당장 바뀔 거라고 생각해요.
애들은 설교를 듣고 돌아서자마자 그게 얼마나 웃긴 짓인지
다른 친구들에게 문자를 보내는데……."

_ 열세 살 셰이

는 이렇게 말했다.

"스테파니 말이 맞아요. 선생님이라고 뭘 어떻게 하겠어요? 피해를 당한 사람이 없었잖아요. 누군가 불평할 상황도 심각하게 받아들일 상황도 아니었잖아요."

하지만 은밀한 공격은 심각한 문제다. 교실이나 학교에서는 어떠한 형태로도 상대방을 놀리거나 수모를 주는 일이 벌어지지 않도록 해야 한다. 이 부분은 끊임없이 강조되어야 한다. 그래야 학생들이 이 문제의 심각성을 인지할 수 있다.

《여왕벌과 여왕벌을 꿈꾸는 아이들(Queen Bees & Wannabes)》의 저자 로절린드 와이즈먼은 내게 이렇게 말했다.

"선생님들은 아이들에게 친절을 가르치기 위해 다큐멘터리 같은 걸 보여줄 필요가 없어요. 그보다는 학교에서 친구들을 함부로 모욕하지 않는 분위기를 확립해야 합니다. 선생님들이 그렇게 하지 않으면 학생들이 자기들 멋대로 행동해버려요."

와이즈먼의 말은 내게 절절히 와 닿았다. 나 역시 초등학교 5학년 때 학교에서 심한 왕따를 경험했다. 결혼 후 4년 동안 불임이었고 유산도 네 번이나 하는 고통을 겪었지만, 내 인생에서 가장 힘들었던 시기는 왕따를 당하던 초등학교 5학년 시절이었다. 재니라는 아이가 뚜렷한 이유도 없이 나를 놀리면서 가장 친한 친구는 물론 반 아이들 모두가 나를 따돌렸다. 나는 매일 울었고, 너무 외로웠으며 이 세상에서 사라지고 싶었다. 나중에는 선생님도 알게 되었지만 선생님은 나한테 어떻게 해야 하는지 몰랐다. 쉬는 시간에 아이들이 삼삼오오 모여 앉아 나를 가리키며 웃고 떠드는 동안 나는 밖에 나가 운동장을 서성였다. 그때 선생님들은 나를 지켜보기만 했다. 내게 미안해하긴 했지만 그것은 아무 도움이 되지 않았다.

고민이 있는 학생이 선생님을 직접 찾아가 속마음을 털어놓는 것은 쉬운 일이 아니다. 누구에게도 알리지 않은 채 말없이 친구들에게 괴롭힘을 당하는 여학생들이 너무 많다. 초등학교 선생님인 안젤라는 이렇게 말했다.

"아이들은 친구를 아주 은밀하게 괴롭혀요. 괴롭힘을 당하는 아이도 그 사실을 말하지 않기 때문에, 어른이 그런 상황을 알게 되는 계기는 우연히 누군가에게 들어서인 경우가 많아요."

연구 보고서 〈슈퍼걸의 딜레마〉에 따르면 여고생 다섯 명 가운데 한 명은 자신에게 문제가 생겼을 때 의논할 수 있는 어른이 세 명도 채 안 된다고 한다. 이러한 현실은 바뀌어야 한다. 여학생은 학교에서 자신을 놀리는 아이를 어떻게 대해야 하는지 알아야 하고, 문제가 감당하기 버거울 정도로 커졌을 때 누구에게 도움을 요청할 것인지 알아야 한다.

선생님의 편견이 아이를 병들게 한다

●

학생이 친구를 차별하는 것은 흔히 있는 일이다. 하지만 선생님이 학생들을 차별하는 것은 절대 해서는 안 되는 비열한 행위이다. 교육자들은 특히 몸무게를 부정적인 특성과 연결 지어 이야기해선 안 된다.

미네소타대학교에서 실시한 조사에 따르면 중고등학교 선생님 네 명 가운데 한 명이 뚱뚱한 사람은 지저분하다고 믿는 것으로 나타났다. 또한 대부분의 선생님들은 비만이 '인간에게 일어날 수 있는 최악의 상황'이라고 인정했다.

뉴질랜드에 있는 오타고대학교 연구원들의 조사 결과도 이와 비슷하다. 조사 결과 오타고대학교 학생들 중 특히 체육 교사 과정을 공부 중인 학생들이 뚱뚱한 사람에 대한 편견이 가장 높은 것으로 나타났다. 이들은 뚱뚱한 것을 '불쾌함', '게으름', '미련함'과 연결 짓는 성향이 높았다. 또한 이 학교에서 체육 교사 과정을 공부하는 기간이 길수록 이 성향은 더 크게 나타났다. 텍사스의 쿠퍼연구소에서 조사한 바에 따르면, 대학교에서 운동 과학을 전공하는 학생들은 뚱뚱한 것을 '게으름'의 결과라고 확고하게 믿고 있었다.

2010년 앨버타대학교에서 수행한 연구 결과에 따르면, 선생님이 뚱뚱한 것에 대해 이런 편견을 갖고 있을 경우 학생들에게 창피를 주거나 불공평하게 대하는 것으로 표출되며, 피해 학생은 자신의 신체에 대해 평생 부정적인 태도를 지닐 수 있다.

스무 살 소피는 어느 날 아침 나와 페이스북으로 대화를 할 때 이런 이야기를 들려주었다.

"중학교 1학년 때 담임 선생님은 비꼬는 식의 농담을 잘했어요. 선생님은 과체중이거나 외모가 좀 떨어지는 남자애들과 여자애들을 괴롭혔어요. 그 애들에게 게으르고 어리석다며 핀잔을 자주 놓았고, 몇 달 동안 창가 자리에 앉게 했어요. 햇볕을 쬐면 똑똑해질 거라고 농담을 하면서요. 다른 학생들은 선생님한테 놀림을 받지 않기 위해 선생님을 따라 웃을 수밖에 없었죠."

'전미 비만인 받아들이기 협회(NAAFA, National Association for the Advancement of Fat Acceptance)'에서 획기적인 조사를 실시한 적이 있다. 이 조사 결과에 따르면 뚱뚱한 학생들은 공부든 스포츠든 예술 분야든 우수한 학생으로 뽑힐 확률이 보통 체중의 아이들보다 현저히 낮았다. 뿐만 아니라 뚱뚱한 학생들은 그렇지 않은 학생들과 똑같은 점수를 따더라도 대학 입학 때 선생님의 추천이나 지원을 잘 받지 못하는 것으로 나타났다.

스물두 살 메리는 이런 말을 했다.

"제가 예일대학교에 지원했을 때 영어 선생님이 추천서를 써주셨어요. 추천서는 대학에서 저의 입학 여부를 판단하는 중요한 평가서인 셈이잖아요? 저는 선생님이 어떻게 써주셨을지 너무 궁금해서 몰래 풀칠한 봉투를 열어서 읽어보았어요. 거기엔 '메리는 외모는 떨어지지만 재능 있는 아이입니다'라고 쓰여 있었어요. '외모가 떨어진다'는 말이 지금도 생각나요. 너무 끔찍했어요. 제 외모가 평균에 못 미쳐서 혜택을 받지 못한다는 생각이 들더라고요. 또 '메리는 22킬로그램은 빼야 자신이 가진 잠재력을 십분 발휘할 수 있을 것 같습니다'라는 내용도 있었어요."

나는 아무리 생각해도 메리의 영어 선생님이 왜 그렇게 했는지 이해가 안 된다. 이 선생님은 대학 추천서에 메리의 몸무게를 언급함으로써 메리가 가진 다른 장점을 무용지물로 만들었다. 뿐만 아니라 메리가 그

때까지 이룬 모두 성과를 평가 절하했다. 이것이야말로 입학의 성패를 가르는 진정한 기준인데도 말이다.

뚱뚱한 여학생이 대학에 입학할 가능성은 날씬한 여학생의 3분의 1이라고 지적한 조사 결과도 있다. 이는 '사회적 낙인 이론'으로 설명된다. 이 이론에 따르면 과체중처럼 부정적으로 인식되는 특성을 지닌 사람은 무시되거나 배척될 가능성이 더 크다. 텍사스대학교의 연구원들이 조사한 결과도 이와 비슷하다. 이 결과에 따르면 어떤 학교에 비만아가 드물 경우 그 학교에 다니는 비만아는 결석을 자주 하는 학생, 낙제 점수를 받은 학생, 약물을 복용한 학생들과 마찬가지로 대학에 합격할 가능성이 낮아진다.

몸무게로 차별하는 선생님

●

비만을 부정적으로 평가하는 사회 분위기 속에서 비만에 대한 생각을 역설하는 선생님들도 많아졌다. 그런데 선생님들의 조언이 전혀 바람직하지 않은 때도 있다. 시드니대학교 연구원들이 조사한 바에 따르면, 체육 및 가정 교생 가운데 약 90%가 학생들에게 체중 감량과 관련해 부적절한 조언을 하며 영양 교육, 체중 관리, 청소년에게 필요한 영양소, 섭식장애, 유행하는 살빼기 요법에 대해 엄청나게 잘못된 정보를 전달하는 것으로 나타났다. 이 조사에 참여한 대부분의 교생들은 급 성장기에 있는 살찐 학생들에게 칼로리를 엄격하게 제한하는 식이요법을 권했다고 한다. (그런데 모순적이게도 이 교생들 가운데 상당수가 위험한 섭식 장애를 겪은 적이 있다고 인정했다. 대부분 이 장애를 치료받지 않았고 일부는 설사제 남용과 구토 같은 위험한 방법을 사용했다고 한다.)

선생님들은 학생들이 원치 않는데도 몸무게에 대해 조언하는 경우가 많다. 로드아일랜드 디자인스쿨에 다니는 스물한 살 엘라는 나를 만나 자신의 경험을 들려주었다.

"열다섯 살 때 가정 선생님이 친구들 앞에서 저를 세워놓고 한 시간 동안 설교를 했어요. 제가 제대로 된 인생을 누리려면 살을 빼야 한다는 얘기였어요. 그러고는 반 아이들에게 '너희는 친구로서 다른 친구가 살찌는 음식을 먹거나 운동을 게을리하면 한마디 해줄 수 있어야 해'라고 했어요. 모두 선생님 말에 수긍하더라고요! 친구들은 '선생님은 우리에게 관심이 있어서 그러는 거야. 별 관심도 없다면 아무 말도 안 했겠지'라는 식으로 말했어요. 저는 그 말을 받아들일 수 없었어요. 그 후로 그 선생님 수업에 집중을 못 하겠더라고요. '이따위 수업이 뭐가 중요해? 사람들이 나를 뚱뚱하다고 생각하는데 말이야!'라는 생각만 들었거든요."

나는 그 선생님이 문제를 해결하려 했다가 도리어 문제를 일으켰다고 생각한다. 노스캐롤라이나 롤리에 있는 웨이크카운티공립학교에서 전문 상담 교사로 일하는 줄리아 테일러는 이렇게 말했다.

"선생님은 자신이 가지고 있는 몸매에 대한 생각을 교실에서 드러내기 마련입니다. 이러한 시각은 아무리 미묘하게, 아무리 은연중에 드러내도 학생들에게 쉽게 스며듭니다. 그 결과 우리의 딸들이 타인과 자기

"무용 선생님한테 살 빼라는 말을
듣지 않은 애들은 없을걸요.
그런 얘길 안 들어봤다면
새빨간 거짓말을 하고 있거나
아마도 거식증에 걸린 애들일 거예요."

_ 열아홉 살 시드라

자신, 비만, 신체 사이즈, 고정관념, 건강을 바라보는 관점에 영향을 주게 됩니다."

귀염성 있는 동그란 얼굴에 동그란 눈, 갈색 머리칼을 가진 열아홉 살 재스민은 이런 말을 했다.

"어느 날 스페인어 선생님이 저보고 수업 후 남으라고 했어요. 저는 시험 성적 얘기를 하실 줄 알았어요. B 이하의 점수를 받은 적이 그때가 처음이었거든요. 그런데 선생님은 그 얘기는 하지 않고 종이 뭉치 하나를 꺼내더라고요. 맨 첫 장에 체중 도표와 음식 피라미드가 그려져 있었어요. 그러면서 '너하고 이 내용들을 훑어보고 싶은데 어떠니?'라고 했어요. 제가 뭐라고 하겠어요? 싫다고 하겠어요? 선생님은 반 아이들이 모두 건강해지길 바라기 때문에 그런다고 했어요. 그런데 왜 저만 남으라고 했을까요?"

체질량지수에 대한 잘못된 믿음
•

체질량지수는 사람들의 생각과 달리, 체내 지방량이 아닌 키에 대한 몸무게 지수를 말한다. 체질량지수는 측정과 계산이 쉽기 때문에 비만을 알아보기 위한 진단 도구로 가장 널리 사용된다. 아이의 체질량지수를 산출해서 그 결과지를 각 가정에 보내는 학교가 많다.

하지만 나는 체질량지수를 그다지 신뢰하지 않는다. 아이들의 건강과 성장 수준을 관찰하는 일이 중요하다고는 생각하지만 체질량지수는 좋은 진단 도구가 아니기 때문이다. 애초에 이 지수는 그런 용도로 만들어지지도 않았다.

미국 예방의료전문위원회(U. S. Preventative Services Task Force)에 따르면 이 지수로는 지방과 지방이 아닌 것의 무게를 구분할 수 없으며 건강 상태, 혈압, 체성분, 건강상의 위험을 예측할 수 없다. 따라서 체질량지수를 다이어트의 자극제로 이용해서는 안 된다. 이 지수의 적정선은 임의적이다. 건강을 이유로 살을 뺄 필요가 없는 수많은 아이들이 체질량지수가 높다는 검진 결과를 받는다.

유명한 블로그 '정크푸드 사이언스(Junkfood Science)'에 글을 연재하는 주(州) 공인 간호사 샌디 슈워크는 이런 말을 했다.

"키가 115센티미터인 여섯 살 여자아이는 몸무게 23킬로그램일 때 체질량지수 17.39로 '건강한 정상 체중'으로 간주됩니다. 인터넷에 검색하면 키와 몸무게, 나이를 기준으로 한 체질량지수를 볼 수 있어요. 그런데 이 아이가 0.5킬로그램이 늘어 23.5킬로그램이 되면 체질량지수는 17.77이 되면서 '과체중' 판정을 받아요. 실로 엄청난 수의 어린이들이 '과체중'으로 분류되지만, 이 아이들은 '정상' 체중보다 고작 몇백 그램 더 나갈 뿐입니다. 아이들의 키가 1센티미터만 더 자라도 다시 '건강한 정상 체중'으로 간주되는 셈이니, 정말 웃기는 얘기 아닌가요?"

몸무게가 몇백 그램 느는 것은 한창 자라는 여자아이에게 별 의미가 없다. 어차피 여자아이는 성장하는 과정에서 몸무게에 급격한 변화가 온다. 그러나 자신의 몸매 때문에 고민이 많은 여자아이들에게 체질량지수는 큰 의미를 갖는다.

어떻게 맞설 것인가

●

스물세 살 조니는 이런 말을 했다.

"초등학교 4학년 때 뚱뚱하다고 놀려대는 남자애들이 세 명 있었어요. 그 녀석들은 저를 뚱돼지라고 놀리고는 운동장으로 도망치곤 했어요. 어느 날 쉬는 시간에 그 녀석들이 교실에서 또 저를 놀리더라고요. 그런데 이번엔 도망갈 곳이 없었죠. 그 녀석들이 바로 앞에서 깐죽거리자 안에서 분노가 치솟으면서 알 수 없는 힘이 생겨났어요. 마치 헐크가 된 것 같았죠. 그래서 한 놈을 붙잡아 옆자리 책상으로 확 던져버렸어요. 제가 그렇게 나올 줄 몰랐던 나머지 녀석들이 당황하더라고요. 저는 큰소리로 말했어요. '자, 다음은 누구 차례야?!'라고요."

"그 뒤에 더 힘들어지진 않았니?"

내가 물었다.

"교생 선생님이 그걸 다 지켜보고 있었어요. 아주 깐깐한 여자 선생님이었는데, 어쩐 일인지 저를 스윽 보더니 '난 아무것도 못 봤다. 화장실 가서 열 좀 식히고 와'라고만 했어요."

나는 놀림을 당하는 여학생이 그 문제에 당당하게 맞서서 행동하는 것을 응원하는 편이다. 하지만 내가 그 자리에 있었다면 그 교생 선생님처럼 반응하지 않았을 것이다. 그녀는 조니에게 중요한 점을 가르칠 수 있는 기회를 스스로 놓쳐버렸다. 그때 그녀가 조니를 따로 불러 이렇게 말했다면 좋았을 것이다.

"네 자신을 지키는 건 잘한 일이야. 그 점은 칭찬할 만해. 그런데 방법이 어땠는지 생각해봐. 다른 방법은 없었을까? 그 얘기를 같이 해보자. 그래야 다음부턴 공격적인 방법을 사용하지 않고 너의 주장을 드러낼 수 있어."

빅 사이즈 모델이 되고 싶다는 열여덟 살 제이드는 이런 말을 했다.

"2년 전 수학 시간이었어요. 선생님이 저더러 앞에 나와서 칠판에 적힌 문제를 풀라고 했어요. 제가 문제를 다 풀자 선생님이 '네 큰 덩치가 칠판을 가려서 문제를 잘 풀었는지 볼 수가 없는걸!'이라며 농담을 하셨어요. 저는 선생님을 똑바로 보면서 '그렇게 무례하게 말씀하시니 기분이 나쁘네요. 쓴 답을 볼 수 있게 옆으로 좀 비켜달라고 말씀하셔야 하는 거 아닌가요?'라고 말했어요. 그러자 선생님은 깜짝 놀라 바로 사과하셨어요. 그걸 지켜본 반 친구들이 웅성거리더라고요. 그 뒤로 저를 놀리는 애는 없었어요. 제가 만만한 애가 아니라고 생각하게 된 거겠죠. 아니면 건드리면 큰일 날 애, 싸움닭이라고 생각했을 수도 있고요."

"그렇게 당당하게 행동할 수 있었던 이유가 뭐라고 생각하니?"

내가 물었다.

"부모님 덕분이에요. 부모님은 항상 '네가 네 생각을 말하지 않으면 다른 사람은 그걸 알지 못해'라고 말씀하셨어요. 저는 그때 제 자신을 지키기 위해 그렇게 행동했던 게 아니에요. 그저 제 생각을 말한 것뿐이에요."

누구나 편안하고 안전한 환경에서 교육받을 권리가 있다. 부모는 딸이 학교에서 부적절한 말을 듣거나 차별을 당할 때 대수롭지 않게 여기면 안 된다. 부모는 선생님이나 직원이 딸의 몸무게와 관련해 부적절한 말을 했거나 부당한 행동을 했을 때 꼭 기록해두어야 한다. 학교 측에 항의할 때 더 구체적이고 증거가 많을수록 교장, 상담 교사, 이사회가 이를 심각하게 받아들인다.

로절린드 와이즈먼은 '실(SEAL)'이라는, 굉장히 바람직한 충돌 처리 기술을 제안했다. 여기서 실(SEAL)은 멈추게 하기(Stop), 설명하기(Explain), 인정하기(Affirm), 확인시켜주기(Lock in)의 약자다. 이 기술은 딸을 괴롭히는 누군가에게 그 부분을 지적할 때 유용하다. 예를 들어, 뚱뚱한 여학생을 차별하거나 괴롭히는 선생님이 있다면 동료 선생님의 입장에서 다음과 같이 말할 수 있다.

1. 멈추게 하기(Stop)

동료 선생님에게 다가가 정중하게 말한다. "불편한 얘기를 좀 꺼내려고 하는데 선생님께서 꼭 들으셔야 할 것 같습니다."

2. 설명하기(Explain)

상황을 정확하게 설명한다. "메리가 체육시간에 팔벌려뛰기를 많이 못하자 선생님께서 몸무게를 언급하며 심하게 꾸짖는 걸 봤어요. 메리는 체육 수업을 받고 나면 늘 기분 상한 모습이고 다음 수업에 집중하질 못해요." 이때 동료 선생님은 발끈하며 변명을 늘어놓거나 방금 들은 말을 무시할 수도 있다.

3. 인정하기(Affirm/Acknowledge)

그런 이야기를 꺼내기가 쉽지 않았다는 것을 인정한다. 오랫동안 생각해보았지만 사실을 인지시켜주는 것이 중요하다고 판단했다고 말해준다.

4. 관계 확인시켜주기(Lock in the relationship)

"저는 선생님과의 동료 관계를 아주 중요하게 생각해요. 그리고 이 관계를 건강하게 유지하는 가장 좋은 방법은 서로에게 솔직해지는 일이라고 생각해요."라는 식으로 관계를 확인시켜준다.

나는 우리의 목적에 맞게 실(SEAL)에 두 가지를 더 추가하고 싶다. 이른바 실러(SEALER)다. 여기서 ER은 평가(Evaluation)와 고찰(Reflection)을 뜻한다.

5. 평가하고 고찰하기(Evaluation and Reflection)

이렇게 자문해본다. "나의 시도는 어땠나?" "그렇게 시도할 때 내 기분은 어땠나?" "대화가 끝난 후 내 기분은 어땠나?" "나의 시도로 상황이 바뀌었나, 아니면 그대로인가?" 어른은 아이에게 다른 사람과의 관계가 불편해졌을 때 어떻게 해야 하는지 알려주어야 한다. 그런데 이것만으로는 부족하다. 그러한 조언을 본인 역시 삶 속에서 실천해야 한다. 그렇지 않으면 그 조언은 비현실적이고 무의미한 말이 되어버린다.

학교와 선생님이 할 일

•

나는 어릴 때부터 뮤지컬을 굉장히 좋아했다. 엄마가 나보고 커서 '노래하는 의사'가 될 거라고 농담을 하실 정도였다. 그렇게 되지는 않았지만 나는 대학 졸업 후 매사추세츠에 있는 랜돌프 지역 극장에서 짬짬이 연극을 했다. 당시 뮤지컬 〈신데렐라〉를 준비 중이던 코니 감독이 주인공을 뽑기 위해 오디션을 열었다. '못생긴 의붓언니' 역을 맡고 싶어 하는 사람이 있었을 텐데도 모두 신데렐라의 대사로 오디션을 봐야 했다. 그런데 주인공으로 확정된 여성은 전형적인 신데렐라 모습과 전혀 거리가 먼 스물두 살 크리스틴이었다. 흑갈색 머리칼에 체구가 큰 크리스틴은 대담했고 짓궂은 농담을 잘했다. 나는 웃기고 못생긴 의붓언니 조이 역을 맡았다. 사람들은 나를 한쪽으로 끌어당겨 "네가 신데렐라 역을 맡았어야 했는데!"라고 말하곤 했다. 하지만 크리스틴이 노래하는 목소리는 그 누구도 부인할 수 없을 만큼 아름다웠다. 그 목소리를 듣고 있으면 온몸에 전율이 느껴질 정도였다.

첫 리허설을 마치고 코니 감독이 출연진들에게 말했다.

"이미 알겠지만 전 외모를 보고 캐스팅하지 않아요. 우리의 신데렐라는 금발이 아니라 흑갈색 머리이고 저처럼 '풍만한' 몸매를 갖고 있어요. 그리고 우리의 못생긴 의붓언니들은 못생긴 것과는 거리가 먼 사람들이죠."

사람들은 크리스틴이 신데렐라 역을 제대로 해낼지 걱정하는 듯했다. 하지만 개막 첫날 밤, 공연을 마친 배우들이 무대 인사를 하자 크리스틴과 사진을 찍으려는 여학생들이 무대 위로 몰려나왔다. 그들은 크리스틴의 머리색이나 허리 사이즈에는 관심도 없었다. 그들에겐 크리스틴이 진정한 신데렐라였다. 이것은 그들도 외모와 상관없이 신데렐라가 될 수 있다는 의미였다.

여성 감독 코니는 기존의 틀에 도전했다. 이로써 배우들과 관중들은 마음의 문을 열게 되었다. 이와 마찬가지로 선생님은 학생들에게 자신의 생각을 있는 그대로 말하고 모험을 두려워하지 않는 모습을 보여주어야 한다. 그러면 학생들도 자신의 내면을 들여다보면서 지금 자신이 무의식적으로 하는 행동과 반응에 변화를 줄 수 있다.

라스베이거스에 있는 고등학교의 보건교육 교사인 앤 마리 페로네는 교실에서 친구를 괴롭히는 일이 발생할 때 모든 수단을 동원하여 해결한다고 했다.

"친구를 놀리고 괴롭힌 학생은 자신이 한 행동이 어떤 영향을 끼치는지 깨달을 때까지 학교에 못 나오게 해야 합니다. 저는 학생이 다른 학생을 놀리는 것을 참지 못합니다. 만일 그런 일이 일어나면 저는 반 아이들 앞에서 그 학생에게 '내가 너를 그렇게 부른다면 기분이 어떨지 말해볼래?'라고 물어봅니다. 그리고 부모님에게 전화를 걸어 자녀가 한 행동이 피해 학생에게 평생 영향을 줄 수 있다는 사실을 아셔야 한다고 설명을 드립니다."

앤 마리는 학창 시절 '코끼리 다리'라 불리며 엄청난 놀림을 받았다. 그래서인지 그녀와 나는 친구를 괴롭히는 문제와 몸매에 대한 화제라면 몇 시간이라도 이야기할 수 있을 만큼 잘 통한다.

"언젠가 한 여학생이 울면서 저를 찾아왔어요. 어떤 선생님이 교실에 붙은 체중표를 가리키면서 '너는 이것도 안 보니? 네 몸무게는 정상이 아니야'라고 했다는 거예요. 그 학생은 열네 살에 53킬로그램도 안나가는 평범한 아이였어요. 전혀 과체중이 아니었다고요. 저는 그 선생님에게 몸무게를 가지고 그렇게 말하면 학생이 얼마나 상처를 받는지 모르냐고 따졌어요. 그리고 교무회의 때는 교실에 붙어 있는 체중표가 학생들을 놀리는 또 다른 수단이 될 수 있다는 점을 상기시켰어요. 일년 뒤에 우리 학교에선 체중표가 싹 사라졌어요. 그 여학생은 졸업 후에 절 찾아와 '선생님께서 저를 감싸주신 그날을 평생 못 잊을 거예요'라고 하더군요. 저는 학생들에게 바로 그런 유산을 남기고 싶어요."

나는 이제 교육자들이 자신이 가르치는 여학생들을 대변해주어야 한다고 생각한다. 더 이상 변명은 하지 말아야 한다. 여학생이 몸무게 때문에 놀림을 받는 일이 발생할 때 선생님과 교직원이 어떻게 해야 하는지 방법을 소개한다.

1. 학교 측에서 적극적으로 개입한다

행정 직원, 일반 교사, 상담 교사 등 모두를 포함해 놀림과 괴롭힘을 금지하는 규정을 만든다. 정책이 잘 지켜지도록 수업 일정에 이런 교육 과정을 포함시킨다. 상담 교사 줄리아 테일러가 일하는 고등학교에는 '몸매에 대해 바른 시각 갖기 주간'이 있다고 한다. 이 주간에는 전교생이 모여 왕따 문제와 바른 몸매관을 다룬 교육 비디오를 시청한 후 여러 가지 관련 활동을 한다.

2. 학교에서 일어난 일을 부모에게 알리고 의논한다

만일 어떤 여학생이 몸무게 때문에 놀림과 괴롭힘을 당한다면 일단 그 여학생에게 부모님과 대화를 나눠보라고 한다. 그런 후에 학부모와 그 문제에 대해 사적인 자리에서 정중하게 의논한다.

3. 과체중으로 건강에 문제가 있다면 부모, 소아과 의사, 해당 학생이 손을 맞잡아야 한다

선생님은 부모의 동의를 받아 해당 학생과 함께 체중 감량 계획을 세울 수도 있다. 선생님이 자신의 체중 감량 계획에 동참할 경우 학생은 더 적극적으로 그 계획을 실천하게 된다. 하지만 살을 빼게 한다는 명목으로 그 학생을 차별하거나 면박을 주어서는 안 된다. 이는 담당 선생님뿐 아니라 전 교직원이 알아두고 유념해야 할 사항이다. 만약 해당 학생의 부모나 보호자가 아이의 과체중 문제에 학교가 관여하는 것을 원치 않는다면 학교와 선생님은 관여하지 말아야 한다. 아이의 건강과 관련하여 결정을 내릴 수 있는 합법적인 권리는 오직 그 아이의 부모에게만 있다. 다만, 더 이상 방치했다간 그 학생의 건강이 위험한 상황인데도 부모가 협조를 거부한다면 학교는 이 문제를 사회복지부(Department of Social Service)에 알려야 한다.

4. 학교 교과 과정에 관계 형성과 인성 발달을 다루는 과목을 포함시킨다

학생들에게 공감, 관용, 충동 조절, 열린 마음, 분노 조절 등에 대해 알려주는 일은 존중의 원칙을 기반으로 평화로운 학교 분위기를 만드는 데 중요한 과정이다. 학교 문화를 만드는 모든 사람은 이러한 원칙을 진지하게 받아들여 학교에서 실천으로 옮길 줄 알아야 한다.

5. 학교 측은 몸무게와 건강 문제에 얼마나 관심을 기울였는지 검토해본다

점심 급식으로 열량이 너무 높은 음식이 자주 나온다면 이는 바람직하지 않다. 영부인 미셸 오바마가 학교에서 제공하는 아침과 점심을 개선하기 위한 일환으로 '렛츠 무브(Let's Move, 어린이 비만을 물리치기 위한 캠페인)' 운동을 벌였다. 그러자 연방 정부도 이 운동에 동참했다. 텔레비전 방송에도 이런 분위기가 반영되어 〈제이미 올리버의 음식 혁명(Jamie Oliver's Food Revolution)〉 같은 프로그램이 제작되었다. 일부 학교에서도 '금요일은 건강한 간식의 날'이라든가 '가장 좋아하는 과일이나 야채와 같은 색 옷을 입는 날'을 만들어 이런 운동에 동참하고 있다. 이 학교들은 이렇게 재미있는 방법을 써서 인간은 건강한 음식을 먹고 신체활동을 해야 한다는 메시지를 확실하게 전달한다. 그러면서 올바른 방향으로 나아가고 있다.

교실에서 할 수 있는 가치관 교육

●

학교는 교과 과정뿐 아니라 올바른 가치관도 배울 수 있는 곳이어야 한다. 특히 10대 여학생들이 대중매체의 정보를 주체적으로 해독할 수 있도록 가르쳐야 한다.

각종 언론매체는 수십 년 동안 '마른 몸'을 숭배해왔고 여학생들도 이러한 문화에 완전히 젖어들었다. 이 잘못된 현상을 바꾸려 애쓰는 사람이 별로 없다는 사실이 나는 몹시도 실망스럽다.

여학생들은 패션모델의 몸매가 완벽한 몸매라고 생각하며 그렇게 되고자 애쓴다. 하지만 패션모델은 전체 인구의 1%에 지나지 않으며, 그들의 실제 몸매 역시 잡지 표지나 광고에 나온 것처럼 완벽한 것은 아니라는 사실을 간과하고 있다.

아이들에게 대중매체의 메시지를 주체적으로 해석하도록 가르치는 일은 단순히 잡지나 인터넷, 텔레비전을 통해 접하는 메시지를 받아들이는 방법에 그치지 않는다. 이러한 메시지를 통해 잘못된 잣대를 강요하는 이 세상을 해석하는 방법의 문제이기도 하다.

나는 아이들에게 유해한 메시지 차단에 힘쓰는 비영리단체 '셰이핑 유스(Shaping Youth)'의 리더 에이미 쥬셀과 함께 일하고 있는데, 이 단체에서는 언론매체와 마케팅이 어린이에게 미치는 영향, 선생님들이 아이들에게 건강한 가치관을 심어주기 위해 할 수 있는 교육 방법 등을 다룬다. 여기에 몇 가지 소개하겠다.

1. 광고 비판하기

학생들이 잡지, 웹사이트, 텔레비전에서 자주 접하는 광고들을 같이 보고 토론한다. 이 과정을 통해 여학생들은 대중매체가 평범한 여자들을 다이어트에 집착하는 소비자로 바꾸기 위해 각종 이미지를 과장하고 있다는 걸 깨닫게 된다.

2. 직접 만들어보기

마른 몸을 강조하는 광고를 본 후에 학생들이 직접 광고를 만들어보면 교육 효과가 더 빨리 나타난다. '당찬 여학생 모임'의 여학생들은 매년 스스로 '편집자'가 되어 자신들만의 잡지 표지를 만든다. 이 학생들은 예쁜 이미지가 중심이 되는 표지의 틀을, 자신들이 듣고 싶은 말을 중심으로 확 바꿔버린다. 예를 들면, '사람은 있는 그대로의 모습이 예쁘다'라는 말을 표제로 하고 그에 맞는 사진을 이용하는 것이다.

3. 자기 생각 표현하기

세계적인 패션 잡지 〈글래머(Glamour)〉는 2009년 9월호 표지에 빅사이즈 모델인 리지 밀러의 누드 사진을 실었다. 77사이즈의 몸매를 그대로 드러내며 활짝 웃고 있는 이 표지 사진은 뜨거운 반향을 일으켰다. 독자들은 "이제야 진짜 여성의 사진을 보게 되었다." "정말 아름답다." 등의 호평을 하며 이런 사진을 더 자주 실어달라고 잡지사에 요청했다. 이러한 반응에 놀란 편집자들은 앞으로 다양한 사이즈의 모델들을 싣겠다고 약속했다.

자신의 생각을 표현하면 자신이 바라는 세상을 만들 수 있다. 우리는 딸들에게 이 점을 가르쳐야 한다.

어른들은 여학생들이 학교에서 겪는 일들을 '통과의례'로 생각하기 쉽다. 놀림받는 여학생에게 "그냥 무시해라."라든가 "스물다섯 살이 되어서도 그런 말이 중요할 것 같니?"라는 식으로 말하는 선생님과 부모님이 너무 많다. 상담 교사 줄리아 테일러와 나는 이 사실에 개탄했다. 이는 놀림을 받는 당사자의 감정을 무시하는 말일 뿐만 아니라 완전히 틀렸기 때문이다. 당사자는 그런 말을 절대 그냥 넘길 수 없다. 나는 경험자이기에 잘 안다.

Body Image Quotient ;

√ 딸의 선생님들은 올바른 교육자인가?

Q1 딸은 선생님이 학생들을 외모에 따라 차별한다고 느끼는가?

A 자주 그렇게 느낀다. 날씬하고 예쁜 여학생을 더 예뻐한다고 느낀다.

B 가끔 그렇게 느낀다.

C 전혀 그렇게 느끼지 않는다.

Q2 딸이 다니는 학교에서 친구를 놀리고 괴롭히는 일이 발생할 때 선생님들은?

A 대수롭지 않게 생각한다.

B 도를 지나칠 때 재빨리 조치를 취한다.

C 그런 일이 발생했다는 이야기를 들으면 항상 곧바로 조치를 취한다.

Q3 딸은 체육 수업에 대해 이렇게 말한다.

A 뚱뚱할수록 차별 대우를 받는다.

B 날씬하면서도 운동을 잘하는 친구들이 시합에서 맨 처음 뽑히지만 모든 학생이 다 참

여하기는 한다.

C 선생님은 모든 아이가 재미있게 즐기는 수업을 한다.

Q4 딸이 다니는 학교에서 왕따 방지 교육을 하는가?

A 전혀 하지 않는다.

B 왕따와 친구들 간의 존중을 주제로 일 년에 한 번씩 교육을 한다.

C 그러한 화제에 대해 주기적으로 교육하고 토론한다.

Q5 딸이 다니는 학교의 선생님들은 몸무게, 신체 사이즈, 살빼기에 대해 자주 말하는 편인가?

A 학생과 관련되었든 자신과 관련되었든 자주 언급한다.

B 가끔 언급한다. 주로 건강과 관련한 이야기를 할 때 언급한다.

C 건강 관련 수업 시간에 토론을 하거나 학생이 선생님을 찾아가 개인적인 상담을 요청할 때만 언급한다.

A (각각 1점)	B (각각 2점)	C (각각 3점)	총점

Part 06

좋은 친구,
나쁜 친구, 남자친구

"월요일은 친구들끼리 몸무게를 재는 날이었어요."

스무 살에 밝은 금발인 미셸은 이렇게 회상하며 뿌루퉁하게 입을 내밀었다. 미셸은 코네티컷 브리지코트 옆에 있는 사립 중학교에 다녔는데, 그때 미셸과 어울린 친구들은 모두 예쁘고 인기가 있었다고 한다.

"우리는 '살다'라고 적힌 일지에 몸무게를 기록해야 했죠. '살다'는 '살을 빼야 산다'의 약자예요."

미셸은 중학교 2학년이 되기 전 여름에 갑자기 몸무게가 늘어났는데 그때부터 친구들은 그녀를 '통통 배'라고 불렀다.

"카라는 사물함에 체중계를 두고 다녔는데 매일 우리에게 몸무게를 재게 했어요. 개는 묘한 힘이 있어서 모두들 그 애가 하는 말엔 따르게 되더라고요."

최근 조사 결과에 따르면 '내가 날씬할수록 친구들이 나를 더 좋아한다'라고 믿는 9~11세의 여자아이는 부정적인 몸매관을 형성해 섭식장애를 겪을 확률이 높아진다고 한다. 이보다 높은 연령대의 여학생들은 날씬함을 생존의 필수 조건처럼 여긴다. 미셸은 이렇게 말했다.

"전 작은 쓰레기봉투에 오래된 바나나 껍질 같은 걸 넣어서 사물함에 숨겨두고 배가 고플 때마다 그 냄새를 맡았어요. 가끔은 저녁을 조금만 먹고 다이어트 콜라를 음식에 쏟아버리기도 했고요. 그러면 음식을 더 이상 못 먹게 되잖아요. 엄마는 그런 행동에 질색하셨지만 살이 찌면 친구들이 놀리는데 어쩌겠어요. 살찐 애한테는 원래 친구가 아니었던 것처럼 대하는걸요."

국립 청소년건강연구센터(National Longitudinal Study of Adolescent Health, ADD Health로도 불린다)에서 13~18세 여학생 1만 7,500여 명을 대상으로 실시한 조사 결과를 보면 문제의 심각성을 느낄 수 있다.

＊과체중으로 여겨지는 10대 여학생들은 마른 여학생들에 비해 사회적으로 더 무시당하고 더 고립되는 경향이 있다.

＊반 아이들에게 친구들 이름을 써보게 하면, 명단에 뚱뚱한 친구들의 이름은 날씬한 친구들의 이름보다 70% 더 적다.

＊뚱뚱한 아이들을 친구 이름으로 적어낸 아이들은 다른 아이들에게 친구로 지목된 경우가 드물다.

로버트 크로스노와 그의 동료들은 국립 청소년건강연구센터의 샘플 연구를 기반으로 하여 16개 학교의 청소년들을 대상으로 친구 관계망을 분석 조사했다. 그 결과 몸무게와 관련한 사회적 낙인, 그리고 자신과 신체 사이즈가 비슷한 친구들과 어울리려는 여학생들의 성향 때문에 뚱뚱한 여학생들에게 친구가 적다는 사실이 드러났다. 내집단(in-group)과의 동질화를 강화하기 위한 방법으로 몸매와 외모가 상이한 사람을 배척하는 현상은 '사회 정체성 이론'으로 설명할 수 있다. 내집단에 속한 기간이 길수록 여학생들의 편견은 더 심해진다.

무리에서 추방당하는 소녀들

●

멋지고 인기 있는 여학생은 살찐 친구들을 무시하는 무리에 쉽게 편입된다. 가장 친했던 친구가 갑자기 자기 몸매를 놀린다고 내게 말한 10대들이 많다. 이들은 그 친구가 '이중인격(다른 친구들이 있는 학교에서 자신을 대하는 태도와 보는 눈이 없는 집에서 자신을 대하는 태도가 다르다는 점에서)'을 보이거나 갑자기 자신에게 등을 돌렸다고 했다.

숱 많은 검은 머리칼에 꽉 끼는 검은 청바지를 입은, 이모가 인상적인 열다섯 살 테레사는 이런 말을 했다.

"제가 여름방학 동안 9킬로그램을 쪄서 학교에 갔더니, 가장 친한 친구였던 칼리가 웃더라고요. 다른 친구들도 눈을 휘둥그레 뜨고 절 봤어요. 정말 끔찍한 기억이에요."

딸이 보내는 신호

딸이 학교에서 놀림이나 따돌림을 당하고 있다 해도 부모에게 그런 사실을 알리는 경우는 많지 않다. 만약 딸이 다음과 같은 행동을 한다면 학교 생활에 문제가 있을 수 있다는 신호다.

1. 싸준 도시락을 조금만 먹거나 아예 손도 안 댄 채 갖고 온다.

2. 자신이 갖고 있는 옷들을 입으면 뚱뚱해 보인다고 갑자기 불평을 한다.

3. 친구들과 어울리지 않는다. 그래서 주말에도 친구들과 밖에 나가지 않고 집에서만 지낸다.

4. 외출할 때 몸을 감추려고 크고 헐렁한 옷을 입거나 옷을 여러 벌 겹쳐 입는다.

5. 몸무게 때문에 학교 활동에 참가하지 못한다거나 점수에 불이익을 받는다고 불평한다.

6. 살을 뺄 때까지 새 옷을 사지 않겠다고 한다.

7. 몸매를 드러내야 하는 자리(예를 들면 수영장)에는 가지 않는다.

8. 학교 친구들 또는 연예인들의 외모에 지나치게 관심을 쏟는다.

9. 등교 전, 하교 후에 몸무게를 너무 자주 잰다.

10. 학교에 영양분 있는 도시락이 아니라 다이어트 음료나 껌처럼 칼로리가 없는 기호품을 가져가겠다고 우긴다.

"그래서 어떻게 됐니?"

얼마 후 친구들이 쇼핑몰로 저를 불렀어요. 그중 한 명은 저를 쳐다보지도 않았고, 또 한 애는 뭔가가 적힌 종이를 들고 있었어요. 칼리가 저더러 의자에 앉으라고 하더니 그걸 읽어주더라고요. 자기들은 더 이상 저와 친구가 될 수 없다는 내용이었어요. 자기네들과 저는 공통점이 없다면서요. 정말 기가 막혔어요."

"그게 네 몸무게와 관련이 있다고 생각하니?"

"네. 학교에서는 누구와 어울려 다니는지가 중요하거든요. 그 애들은 뚱뚱한 애와 같이 다니는 걸 싫어했고, 제가 그 뚱뚱한 애가 되어버린 거예요."

《소녀들의 심리학》을 쓴 레이첼 시먼스는 이를 '패거리 축출'이라 칭했다. 상대를 낙담시키고 거부하고 쫓아내는 것이다.

여학생은 어떤 무리에 속해 있을 때 일종의 보호막과 지위가 생긴다. 그러므로 대부분의 여학생들은 감히 무리에 안 어울리는 행동을 하지 못한다. 학생들은 다른 친구들과 섞이고 싶어 하는 한편, 어느 정도는 개성을 살리고 싶어 한다. 나는 이런 현상을 '친구와의 융화(friend blending)'라 부른다. 이는 어울리는 친구들이 좋아하고 수용 가능한 정도로만 개성을 살리는 것을 말한다. 다른 친구들과 융화되면 편안하다. 인기 있는 학생도 어느 정도까지만 두드러져 보이기를 바란다. 로절린드 와이즈먼은 내게 이런 말을 했다.

"인기 있는 여학생 모임 가운데 뚱뚱한 아이가 포함된 모임은 없었어요. 뚱뚱하다고 다 배척되는 것은 아니지만 뚱뚱하다면 다른 여러 가지 재능을 드러내는 게 좋아요."

하지만 많은 여학생이 이러한 재능을 무시한다. 자신이 정상 범위보다 뚱뚱하다고 여기며 괴로워하는 여학생이 많다. 이런 생각이 일시적인 경우도 있다. 예를 들면, 여학생이 스스로 부었다고 느끼거나 실제로 그렇지 않은데도 뚱뚱해 보인다고 생각할 때다. 또는 점심시간에 너무 많이 먹으면 다른 사람들이 자신을 돼지로 여길 거라고 생각할 때가 그렇다.

심리학자 메리 파이퍼는 이러한 증상을 '상상 속 관중 증후군(Imaginary Audience Syndrome)'으로 불렀다. 이런 여학생은 친구들을 포함한 모든 사람이 자신을 항상 관찰하고 평가한다고 생각한다. 또한 자신이 얼마나 뚱뚱해 보이는가를 기준으로 자신의 가치를 매긴다.

니키는 열네 살 소녀였다. 긴 금발에 다리가 길고 미소가 매력적인 니키는 이런 말을 했다.

"제 친구들은 저한테 대놓고 살이 쪘다거나 못생겼다는 말은 하지 않아요. 그 애들 중 몇 명은 우리 학교에서 제일 예쁜 애들이에요. 그리고 그 예쁜 아이 중 한 명이 제 단짝인데, 우리는 쇼핑도 같이 하고 바닷가에도 같이 놀러 가고 뭐든 같이 했어요. 하지만 그 친구 옆에서 걸으면 남의 시선을 의식하게 되고 제가 뚱뚱하단 생각이 들어요. 모든 사람이 '어떻게 저 둘이 친구가 됐지?'라고 의아해할 것 같은 생각이 머리에서 떠나지 않는 거죠."

여기서 문제는 니키가 실제로 뚱뚱한 것이 아니라 자신을 남과 비교해 뚱뚱하다고 느낀다는 점이다.

얄궂은 현실이지만 스스로 뚱뚱하다고 느끼면 실제로 뚱뚱해질 수 있다. 하버드대학교 연구원들이 조사한 결과에 따르면 사람들이 자신을 좋아하지 않는다고 '생각하는' 여학생은 살이 찔 확률이 70% 높아진다고 한다. 학교에서 자신의 서열이 낮다고 생각하는 여학생은 2년 동안 평균 5킬로그램이 늘거나 체질량지수가 2점 증가하는 것으로 나타났다.

영화 〈퀸카로 살아남는 법(Mean Girls)〉에는 이런 대사가 나온다.

"나는 네가 뚱뚱해서 싫어하는 게 아니야. 내가 널 싫어하기 때문에 네가 뚱뚱해진 거야."

'상상 속 관중 증후군'을 보이던 여학생이 실제로 사람들의 따가운 시선을 받을 정도로 살이 찔 수도 있다. 그러면 살찐 여학생은 사회적 불이익을 감당해야 한다. 나는 이를 '비만세(fat tax)'를 부과한다고 표현한다. 이 여학생은 날씬한 친구가 포함된 무리와 잘 어울리고 날씬한 친구가 받는 만큼의 존중을 받으려면 몇 배 더 노력해야 한다. 스물세 살 잭스는 내게 이런 말을 했다.

"제 친구들은 영화관에 갈 때 뚱뚱한 스테이시를 데려갔어요. 영화를 보다가 스테이시에게 다이어트 콜라나 감초 과자를 사 오라는 심부름을 시키기 위해서요. 스테이시는 거절한 적이 한 번도 없어요. 워낙 불평을 안 하는 애라 그렇게 해도 괜찮을 거라 생각했어요."

로절린드 와이즈먼은 자신의 책에서 '여왕벌과 여왕벌의 무리'라는 표현을 썼다. 여기서 스테이시는 '기분 맞춰주는 사람'과 '부리기 쉬운 대상'에 속한다. 이 범주에 속하는 여학생은 인기 있는 아이들이 '애완

견'처럼 선택한, 손쉽게 이용하는 샌드백 같은 존재다. 하지만 이 무리는 그런 일이 식상해지거나 자신들의 '날씬한 이미지'를 강화하고 싶을 때는 그 여학생을 버린다.

비키는 열다섯 살 때 친구들의 '기분 맞춰주는 사람'이었다.

"그 애들은 가끔씩 제게 무척 잘해주었어요. 전 가끔씩 잘해주는 것에도 감지덕지했는데 다른 사람들은 그런 저를 이해하지 못했어요."

여학생들은 무리에 들어가기 위해 무슨 짓이든 하려 한다. 굉장히 용기 있는 학생이나 모든 무리에서 거부당한 학생만이 독불장군처럼 행동할 수 있다.

괴롭힘의 여러 가지 형태

소문내기 소문을 잘 퍼뜨리는 여학생은 겉으로는 아무 잘못이 없는 듯 보인다. 이런 여학생은 소문을 퍼뜨리면서 다른 아이들이 전해준 말이라고 해버리기 때문에 자신이 한 말에 책임을 지지 않아도 된다. 이는 소극적 공격성을 띠는 놀림의 한 형태디. 여학생들은 이런 여학생을 친구로 두어, 최근 소식을 놓치지 않으려 한다. 열여섯 살 다나는 이런 말을 했다.

"제 단짝 친구 젠은 남 얘기 하는 데 여왕이었어요. 젠은 어떤 애가 살이 찌면 곧바로 그 사실을 알았고, 걔가 알면 결국 모두 알게 돼요. 그 대상이 저였다면 전 아침에 침대에서 일어나기도 싫었을 거예요."

막말하기 하고 싶은 말을 거침없이 내뱉는 여학생들이 있다. 이런 여학생은 친구의 별명을 부르고 친구가 싫어하는 농담을 하면서 상대방의 반응을 보는 것을 좋아한다. 겉으로 보면 냉정하고 계획적으로 보인다. 20대 초반의 도나는 내게 이렇게 말했다.

"사라는 너무 심술궂었어요. 보통 사람이라면 절대 할 수 없는 그런 말들을 내뱉고는. 제가 놀란 표정을 지으면 무척 신나했어요. 사라는 통통하지도 않은 애한테 '너 생리 중이니? 얼굴이 너무 부어 보인다'라는 말을 종종 했어요. 그럴 때 그 애가 짓는 표정은 가관이었어요."

따돌리기 가장 흔한 괴롭힘 방법이다. 이 방법을 쓰는 여학생은 괴롭히려는 학생의 제일 친한 친구를 자기편으로 만들어 그 학생을 따돌린다. 이 여학생은 따돌리려는 학생의 친구에게 실제로는 관심이 없더라도 친근하게 대하며 자기 비밀을 털어놓고 자기 집에도 초대한다.

헐뜯기 어떤 여학생은 인기 있는 집단에 끼고 싶어서 자기 친구를 이용하기도 한다. 자기 친구를 공공연하게 모욕하거나 사적인 비밀을 폭로하는 식으로 말이다. 이런 경우 유감스럽게도 살찐 여학생들이 희생양이 된다. 열여덟 살 마야는 내게 이렇게 말했다.

"그런 일은 늘 일어나요. 인기 있는 애와 같이 다니는 게 더 좋고 재미있어서 자기 친구를 모함하는 거죠."

눈에 띄지 않거나, 너무 튀거나

•

스스로 과체중이라고 생각하는 여학생은 다른 사람들이 자신을 좋아하지 않을 거라 지레짐작한다. 그래서 점점 움츠러들며 또래들의 모임에 참여하지 않으려 한다. 눈에 보이지 않는 존재가 되고 싶은 것이다. 그런 여학생들은 커다란 검은색 티셔츠와 크고 헐렁한 청바지로 몸매를 최대한 가린다. 머리 손질과 화장도 하지 않는다. 등하교 때는 머리를 푹 숙이고 어깨를 구부린 채 걸으며, 함께 활동하는 시간에는 습관적으로 벽 쪽 구석 자리를 차지한다. 흔히 이들의 몸짓 언어는 실제보다 더 과장되게 전달된다.

"전 고등학교 다닐 때 존재하지 않는 애였어요."

열아홉 살 로리는 자꾸 허리 위로 올라가는 셔츠를 손으로 잡아당기며 말했다.

"우리 학교 퀸카였던 티나가 졸업식 날 저한테 와서는 졸업앨범이 더 있냐고 묻는 거예요. 제 것밖에 없다고 했더니 어이없다는 표정으로 '네가 그걸 뭐하러 갖고 있어? 졸업생 중에 아는 애가 있어?'라고 하더라고요. 티나는 제가 누구인지도 몰랐던 거예요! 전 영어 시간마다 티나 앞에 앉았고 숙제를 도와준 적도 있어요. 그런데 티나는 절 처음 본 것처럼 말하더라고요. 그래도 전 신경 안 썼어요. 어쨌든 전…… 제 일만 하면서 학교, 집, 학교, 집만 왔다 갔다 했으니까요."

로리는 그렇게 자신을 외부와 격리시키며 안전하게 보호했지만 친구를 사귀는 중요한 기술을 배우지 못했다. 다시 말해 다른 사람에게 관심을 쏟고 자신도 관심을 받으며 어른으로 성장하는 데 필요한 관계망을 형성하지 못한 것이다.

열아홉 살 크리스털은 앞에서 말한 여학생들과 반대로 행동한 경우였다.

"살찐 애들 중에는 날씬한 애들에게나 어울릴 만한 옷을 입고 다니는 애들도 있어요. 너무 꽉 끼어서 전혀 어울리지도 않는데 말예요. 저도 한동안 친구들에게 인정받으려고 그렇게 입었어요. 앞에 작은 단추가 주르륵 달려 있는 작은 셔츠에 몸을 억지로 끼워 넣은 거죠. 그런데 수업 시간에 기지개를 켰더니 단추들이 투두둑 하며 떨어져나갔지 뭐예요. 그래서 수업 시간 내내 공책으로 가슴을 가리고 있었어요."

'당찬 여학생 모임'의 멤버들은 대부분 빅 사이즈 옷을 입는데 그들 모두 옷 입기에 대해 불만을 토로한다. 날씬하지 않은 여학생들은 마음에 드는 옷을 찾기가 어렵다고 한다. 맞는 말이다. 요즘은 옷이 몸에 맞지 않으면 옷이 아니라 몸을 바꿔야 한다는 분위기가 만연해 있다. 발 빠른 판매업자들이 유행에 한발 앞서서 빅 사이즈 의류 시장을 키우고 있기는 하다. 그럼에도 빅 사이즈를 입는 여학생들은 대부분 개성 없는 검은색 옷을 입고 존재하지 않는 사람처럼 지내든가, 다른 친구들이 입는 옷에 억지로 몸을 끼워 넣든가 둘 중 하나밖에 할 수 없다고 느낀다. 크리스털은 이렇게 말했다.

"제가 아무렇게나 입고 다니면 전 뚱뚱할 뿐 아니라 멋대가리도 없는 애가 돼요. 뚱뚱하고 멋대가리 없는 애를 누가 좋아하겠어요?"

다른 여학생들의 질투를 유발하고 남학생들의 시선을 받으려고 일부러 대담하고 도발적인 옷을 입는 여학생들도 있다. 자신은 남자에게 적극적이라는 메시지를 드러내려고 애를 쓰는 것이다.

"전 학생용 브라를 안 하고 바로 B컵 브라를 했어요."

스물한 살 마리는 이렇게 말했다.

"저는 가슴뿐 아니라 엉덩이, 허벅지가 다 컸고 계속 더 클 것 같았어요. 그래서 큰 걸 개성으로 삼자고 생각했어요. 몸집이 크다고 해서 구석에 숨고 싶진 않았거든요. 오히려 대담해지고 싶었어요. 그래서 제가 가진 관능미를 드러내 남자애들이 절 좋아하게 만들었죠. 일부러 성적인 얘기도 던지고요. 여자애들은 제가 쇼킹하고 대담해서 좋아했고, 남자애들은 자신들이 원하는 걸 얻을 수 있어서 좋아했어요."

"그렇게 해서 인정받는다고 느꼈나요?"

"처음에는 그랬어요. 그런데 시간이 어느 정도 지나자 남자애들이 절 진심으로 좋아한 게 아니었다는 걸 깨달았어요. 걔들은 그저 저와 섹스를 하고 싶었던 거예요."

여학생들 사이에서는 모든 것이 비교 대상이다. 그래서 잠시나마 남자아이나 인기 있는 여자아이에게 "넌 괜찮은 애야."라는 말을 들으면 도취되기 쉽다. 그리고 다른 사람들에게 잘 보이기 위한 행동을 계속하기 쉽다. 실제로는 자신이 원하는 행동이 아닌데도 말이다. 끊임없이 자신을 평가하는 여학생에게 섹스는 자신이 매력적이라는 것을 확인하는 방법이 될 수 있다.

피츠버그대학교에서 최근에 실시한 조사 결과에 따르면, 실제로 과체중이거나 과체중이라고 생각하는 여고생 중 섹스에 적극적인 여고생은 보통 체중이면서 섹스에 적극적인 여고생에 비해 콘돔을 사용하지 않는 경향이 더 크다고 한다. 과체중인 여학생이 다른 사람을 기쁘게 하려는 의도로 성적인 관계에 빠진다면 결국 건강과 미래를 모두 잃을 수 있다는 얘기다.

남자는 정말 마른 여자를 좋아할까?

●

열아홉 살 안나는 어느 날 저녁 단짝 친구 라나에게 말했다.

"나 내일 학교 안 갈래. 오늘 밤에 너무 많이 먹어서 브라이언이 나를 보면 너무 역겹다며 당장 헤어지자고 할 거야. 내일은 종일 아무것도 안 먹고 물만 마셔야겠어."

162센티미터에 55킬로그램인 안나는 과체중이 아니었다. 하지만 안나가 왜 몸무게가 조금만 늘어도 남자친구가 자신을 싫어할 거라고 생각했는지 이해하기는 어렵지 않다.

미시간주립대학교 학생들에게 미래의 배우자감 순서를 매겨보게 하는 조사를 실시한 적이 있다. 그 결과 88%의 남학생들이 비만 여성과의 결혼을 극도로 꺼리는 것으로 나타났다. 이 조사를 실시했던 담당자는 이런 말을 했다.

"대부분의 남학생들은 비만 여성과 결혼할 바에야 공산주의자, 맹인, 무신론자, 이혼한 여성, 코카인이나 마리화나를 하는 여성, 정신병 이력이 있는 여성, 도벽이 있는 여성, 성적으로 문란한 여성과 결혼하

"전 주말에 많이 먹어서 몸무게가 늘면 일부러 다 토해버려요.
그리고 엄마한테는 몸이 아파서 결석하겠다고 말해요.
학교에 가면 살쪘다고 놀릴까봐 겁이 났거든요."

_열네살 타라

는 게 낫다고 생각했습니다."

채플힐에 있는 노스캐롤라이나대학교에서 최근에 다음과 같은 조사 결과를 내놓았다.

* 체질량지수가 1점 올라갈 때마다 이성과 낭만적인 관계를 맺을 가능성은 6%나 줄어들었다.
* 160센티미터에 57킬로그램인 여학생은 같은 키에 50킬로그램인 여학생에 비해 데이트 신청을 받을 확률이 50% 낮았다.
* 체지방율이 평균보다 1% 높은 여학생은 체지방율이 평균보다 1% 낮은 여학생보다 데이트를 할 확률이 세 배 낮았다.

유명한 블로그에서 본 질문 하나가 생각난다.

"뚱뚱한 여성과의 데이트 어때요?"

여기에 이런 대답이 달렸다.

"살집 있는 여성을 좋아하는 남자들도 있지만 대부분은 뚱뚱한 여자를 모터스쿠터처럼 생각해요. 모터스쿠터를 타는 건 재미있지만 친구들한테 자랑할 만한 건 못 되잖아요."

스콧이라는 열여덟 살 남학생은 자신이 정말로 좋아하는 88사이즈의 제나와 동아리 파티에서 함께 시간을 보냈다. 하지만 스콧은 동아리 남학생들에게 제나를 좋아한다고 말하진 못했다. 남자는 날씬한 여자친구를 사귀어야 무리에서 높은 지위에 오르기 때문이다.

대중매체와 패션계에서 '마른 몸'을 강조하고 있지만 스콧처럼 살찐 여성을 좋아하는 남자도 많다. 남성 잡지 〈FHM〉을 만드는 잡지사에서 남성 독자들을 대상으로 온라인 조사를 실시한 적이 있다. 66사이즈, 77사이즈, 88사이즈의 여성 모델 사진 중 가장 매력적으로 느껴지는 모델을 묻는 조사였다. 그런데 6만 명의 응답자 중 5분의 4에 해당하는 남성이 66사이즈 모델보다 77사이즈와 88사이즈 모델이 더 매력적이라고 답했다. 77사이즈 모델을 선택한 응답자가 40%로 가장 많았는데, 이들은 77사이즈가 '이상적인 여자친구의 몸매'라고 답했다. 66사이즈 모델을 선택한 응답자는 20%로 그 수가 가장 적었다. 〈FHM〉의 편집자 벤 스밋허스트는 이렇게 말했다.

"여성 여러분! 맥주도 마시고 햄버거도 열심히 드세요. 그래도 남자들은 당신을 사랑할 겁니다."

하지만 여성들은 여전히 남성들이 마른 몸매를 더 좋아한다고 믿는다. 노스다코타주립대학교의 조사 결과에 따르면, 섭식장애를 겪는 여성들은 남성이 마른 몸매를 원한다고 착각하고 있는 경우가 많으며, 자신의 외모에 따라 자존감이 좌우될 때 이 증상은 더 악화된다고 한다. 이는 펜실베이니아대학교에서 실시한 조사 결과와도 비슷하다. 이 조사는 여대생들이 생각하는 '이상적인 몸무게'나 '남성들이 선호하는 몸무게'가 남성들이 실제 선호하는 몸무게보다 훨씬 적다는 사실을 알아냈다.

스물네 살 알렉산드라는 나와 전화 통화를 하며 이런 말을 했다.

"제 남자친구는 저를 항상 다른 여자들과 비교했어요. 제가 어떤 청바지를 입으면 '도미니크도 같은 청바지를 입었는데, 걔가 입으면 이렇게 안 보여'라는 식으로요."

"그때 무슨 생각이 들었나요?"

"무슨 생각이 든 게 아니라 그냥 현실을 알게 되었죠. 그 애는 제가 너무 이기적이라며 헤어지자고 했어요. 하지만 전 그 말 안 믿어요. 그 애가 왜 저와 헤어지려 했는지 알거든요. 걔는 지금 아주 날씬한 애와 사귀고 있어요. 전 뚱뚱해요. 그 여자애처럼 완벽하질 못해요."

상상 속 관중 증후군에서 확장된 증상이 완벽한 여자에 대한 동경이다. 다른 여자를 보면서 속으로 감탄하고 그 여자를 완벽한 존재로 생각하며, 자신을 그 여자와 비교하는 것이다. 나는 이런 증상을 보이는 여학생들에게 다양한 말을 들었다. 여학생들은 갈망을 드러내기도 했고("저도 그 여자처럼 되고 싶어요."), 혐오감을 드러내기도 했고("자기가 아주 잘난 줄 안다니까요."), 분노를 드러내기도 했고("전 그렇게 생긴 사람이 싫어요."), 거부감을 드러내기도 했다("머리는 천치라니까요."). 하지만 중요한 사실은 비교란 끝이 없으며 항상 비교만 하다 보면 자존감이 낮아진다는 점이다.

'완벽한 여자'라는 허상

●

제시카는 내 고등학교 동창이다. 당시 155센티미터의 키에 매력적인 빨간 머리를 가진 제시카는 내 눈에 완벽해 보였다. 그녀는 인기가 많아서 내가 좋아했던 남자아이들과 사귀었고, 똑똑하기까지 해서 프

린스턴대학교에 입학했다가 나중에는 하버드 로스쿨에 들어갔다.

오랜 시간이 지난 후 페이스북을 통해 제시카와 연락이 닿았는데, 그 만남을 통해 나는 아무리 '완벽한 여자'라도 자신을 멋진 여자로 생각하지 못한다는 점을 알게 되었다.

서른다섯 살이 된 제시카는 이렇게 회상했다.

"중학교 때 매년 근처 산으로 스키 여행을 갔어. 나는 스키를 못 탔지만 학교 활동이니까 그냥 따라가야 했지. 그러다 2학년 스키 여행 때 분홍색 스키복을 입고 버스를 탔는데, 일행이었던 야구팀 남자애가 '애들아, 제시카 엉덩이 진짜 예쁘지 않니?'라고 크게 소리를 치는 거야. 그 애는 여자아이들에게 인기가 많은 아주 유명한 야구선수였어. 난 좀 우쭐해지기도 하면서 당황스러웠어. 그러자 그 남자애 친구들이 '예쁜 엉덩이 맞네!'라고 소리를 질렀어. 버스가 밤늦게 학교 주차장에 도착했을 즈음 내겐 '칙스(cheecks, 동그란 얼굴에 예쁜 엉덩이를 가진 매력적인 여학생을 뜻하는 속어)'라는 별명이 생겼어. 내 첫 별명이었지."

부정적인 별명과 달리 긍정적 의미가 내포된 별명도 있다. 이런 별명은 마치 왕관처럼 자랑스럽게 여겨진다. 여학생은 이런 별명으로 인해 지위가 올라가기도 한다.

"칙스라는 별명을 얻자 갑자기 학교에서 늘 주목받는 아이가 되었어. 인기 있는 남자애들이 나에게 말을 걸고 싶어 하고, 인기 많은 야구팀 남자애는 무도회 파트너가 되어달라고 하더라."

하지만 제시카의 인기는 오래가지 못했다. 이듬해 봄, 인기 좀 있다 하는 남자아이들이 구내식당에서 이렇게 떠들어댔기 때문이다.

"있잖아, 제시카 엉덩이 별로 예쁘지도 않아. 사실 좀 처졌어."

그러자 '칙스'라는 별명은 '드루피(droopy, '축 늘어진'이라는 뜻)'로 바뀌었고, 그와 동시에 제시카는 그 학교의 여신 자리에서 물러났다.

"그 이후로 야구팀 남자애들은 나한테 아예 관심을 끊었어. 하긴 누가 엉덩이 처진 여자애와 다니고 싶겠어. 나는 내 뒷모습이 마음에 들 때가 많아. 하지만 가끔은 엉덩이가 처져 보이긴 해."

짓궂은 남자아이들의 한마디 때문에 제시카의 세계는 변해버렸다. 하지만 제시카가 그들의 판단에 휘둘리지 않고 스스로에 대해 자신감을 갖고 있었다면 어땠을까?

여학생은 다른 사람들이 자신의 정체성을 결정짓게 내버려두어선 안 된다. 다른 사람의 말이 아니라, 자기 자신이 스스로에게 '나는 가치 있는 존재이다' '매력적인 여성이다'라는 메시지가 담긴 말을 해야 한다. 이와 반대되는 말을 하면 실제로 그렇게 될 가능성이 높기 때문이다. 우리의 딸이 이런 부정적 피드백에 빠지지 않게 하려면 딸에게 이런 말을 해주어야 한다.

1. "남자아이의 마음을 지레짐작해서 말하지 마."

열일곱 살 론다는 이렇게 말했다. "전 어린 시절 내내 몸무게 때문에 남자애들에게 놀림을 받았어요. 그래서 로버트를 만났을 때 그 애는 인기가 있으니 나와 사귀고 싶어 하지 않을 거라 생각했어요. 로버트가 절 쫓아다녀도 저는 그 애의 진심을 믿지 못했죠. 로버트가 저의 미소와 눈, 긴 머리카락, 몸매에 끌렸다는 걸 믿기까지 다섯 달이

나 걸렸어요."

2. "네가 원하는 대로 꾸미고 다녀."

열다섯 살 매기가 들려준 이야기다. "저한테 잘 어울리는 옷을 입기 시작하면서 깨달았어요. 남자애들이 저와 사귀지 않으려 했던 이유는 제 덩치가 크기 때문이 아니라 제가 외모 따위에 신경도 안 쓰는 애처럼 보였기 때문이란 걸요."

3. "중요한 건 성격이야."

우리도 엄마한테 이런 말을 듣고 자랐고 우리의 엄마도 할머니에게 이런 말을 듣고 자랐다. 다시 말해 많은 남자가 55사이즈와 77사이즈는 구별하지 못해도, 둔한 여자와 유머감각과 자존감이 있는 여자는 구별할 줄 안다는 말이다. 열일곱 살의 다니엘은 이렇게 말했다. "우리 동아리에 한 여자애가 있는데 그 애는 소금 뿌린 얼음만 먹어요. 전 도무지 이해가 안 돼요. 제 남자친구는 그 애와 함께 있는 걸 싫어하는데, 특히 밥은 절대 같이 안 먹으려 해요."

부모는 절대 알 수 없는, 소녀들의 사이버 생활
●

지난 몇 년 사이 여학생들이 또래나 남자친구와 소통하는 방식이 크게 변했다. 직접적인 소통 대신 인터넷이나 휴대폰을 이용한 교류가 훨씬 많아졌기 때문이다. 이는 책임감 없는 익명의 상호작용이 늘었다는 사실과 깊은 관계가 있다.

사이버 공간에서 상대를 놀리고 비난하는 사례가 엄청나게 많이 발생하고 있다. 학교에서 일어나는 여러 가지 폭력을 다룬 한 조사에 따르면 14세 학생들 가운데 절반이 괴롭힘을 당한다고 한다. 뿐만 아니라 사이버 불링(cyber bulling, 특정인을 사이버상에서 집단적으로 따돌리거나 집요하게 괴롭히는 행위)은 이제 가장 흔한 학대의 형태가 되었다. 휴대폰, 이메일, 인터넷 공간에서 이루어지는 사이버 불링은 10대 청소년 사이에서 욕하기만큼이나 흔한 일이 되었다. 미국국립보건원의 조사에 따르면 열 명 가운데 한 명의 학생이 사이버 불링의 영향을 받는 것으로 나타났다.

'보디 스나킹(body snarking)'이라는 신조어가 있다. 블로그를 통해 널리 퍼진 이 말은 누군가의 몸무게에 대해 즉흥적으로 비난하고 막말을 하는 것을 말한다. 몸무게는 여자들의 대화에 항상 등장하는 주제가 되었다. 예전에는 몸무게가 늘어난 유명인이 주로 비난의 대상이었지만 이제는 누구든지 비난의 대상이 된다.

보디 스나킹 현상은 최근에 더 심해졌다. 특히 10대 청소년 사이에서 인기가 많은 소셜 네트워크 사이트 폼스프링에서 이런 현상이 두드러진다. 이 사이트는 페이스북이나 트위터처럼 무료로 계정을 만들 수 있지만 익명성이 보장된다는 점에서 청소년들의 해방구로 여겨진다. 이 사이트의 회원은 어떤 질문이나 답글도 익명으로 올릴 수 있다. 물론 악의 없는 대화도 이루어지지만 많은 10대 청소년들이 얼굴을 맞대고는 절대 할 수 없는 말들을 여기서 쏟아낸다. 그래서 이 사이트는 반 친구들이 은밀한 대화를 나누고 누군가의 몸매를 비난할 수 있는 가장 효과적인 매체가 되었다.

사이버 불링은 이미지를 통해서도 이루어진다. 연예인을 쫓아다니며 사진을 찍는 파파라치처럼, 10대들은 디지털 카메라를 가지고 다니며 황당하기 짝이 없는 엽기 유머 사진을 찍는다. 이런 사진은 소셜 네트워크 사이트에 올라가 순식간에 사방팔방으로 전달된다. 그러면 사진의 주인공은 본의 아니게 유명인사가 될 수 있다.

SNS에서 벌어지는 잔혹한 테러

●

"너무너무 어이없고, 말도 안 되는 일이 일어났어요. 그것도 바로 제게요!"

157센티미터의 키에 65킬로그램인 열네 살 소녀 베스가 흥분하며 말했다.

"무슨 일이니?"

"중학교 1학년 때 학교에서 캠핑을 갔어요. 반 아이 중에 헤일리라고 굉장히 거만한 여자애가 있는데, 캠핑장에서 계속 애들 사진을 찍더라고요. 전 그냥 제가 할 일을 했고, 그 애도 저한테 신경 쓰지 않았어요. 그런데 캠핑에서 돌아와보니 그 애가 페이스북에 제 사진을 올린 거예요. 제가 땅에 떨어진 지도를 줍느라 허리를 숙이고 엉덩이를 하늘로 치켜 올린 사이에 찍은 사진을요. 바지춤 사이로 속옷이 보이는, 정말 추한 모습이었죠. 헤일리는 그 사진에 '캠핑장 엉덩이 사건'이라는 제목까지 붙여서 올렸고, 아이들은 거기에 엉덩이가 흐느껴 우는 것 같다는 등의 악의적인 답글을 달았어요.

다음 날 누군가 제 사물함에 그 사진을 붙여놨고, 어떤 멍청한 자식은 그 사진과 '이 엉덩이는 당신 거예요'라는 글이 인쇄된 티셔츠를 입고 나타났어요. 그걸 본 선생님들이 당장 티셔츠를 벗으라고 했지만, 그 자식은 쇼핑몰이나 파티에 갈 때도 그 옷을 입고 다녔어요. 전 정말 죽고 싶었어요."

"페이스북에 올린 사진은 어떻게 됐니?"

"교장 선생님이 헤일리에게 그 사진을 내리고 저에게 사과하라고 했어요. 그러자 헤일리는 아무렇지도 않게 이런 식으로 말했어요. '난 네가 일부러 카메라에 대고 엉덩이를 보여준 줄 알았어! 우린 장난으로 한 거야. 그냥 재미로 그런 거라고.' 그래서 전 '너희들이나 재밌었겠지'라고 했어요."

베스의 얼굴이 빨갛게 달아올랐다.

"헤일리가 내 말에 발끈해서는 '그냥 장난이라고 했잖아'라고 하더라고요. 전 '그래, 악랄한 너희들한테는 장난이면 다 통하는구나'라고 해버렸어요. 그러자 헤일리가 우는 척하기 시작하는 거예요. 참 꼴불견이었어요."

정말로 어이없는 상황이다. 헤일리는 "난 네가 일부러 그런 줄 알았어."라며 오히려 베스를 탓했고, "우린 다 장난으로 한 거야."라고 말함으로써 반 친구들을 끌어들여 그들에게 책임을 떠넘겼다. 레이첼 시먼스는 《착한 소녀의 저주(The Curse of the Good Girl)》에서 '악의는 없었다'라든가 '그냥 장난이었다'라는 말은 나쁜 짓을 한 사람이 자신의 책임을 없애려고 하는 말이라고 했다. "나한테 악의가 없었다면 그건 없던 일이 되는 거야."라는 식의 말은 만능으로 통하는 변명이다. 가해자는 이런 말로 처벌을 면하게 된다. 하지만 그 일은 분명히 일어났고 어린 여학생은 계속 괴로움에 시달린다.

"교장 선생님이 헤일리의 말을 믿었어?"

내 질문에 베스는 이를 악물더니 말했다.

"서로 사과하라고 하더라고요. 전 '제가 왜 사과해야 해요? 전 피해자예요!'라고 했어요. 그러자 교장 선생님은 '어떤 상황이 생긴 데는 쌍방의 책임이 있는 거야'라고 하는 거예요. 정말 어이가 없었어요."

"그 후로 상황이 좀 바뀌었니?"

"아뇨. 오히려 농담도 받아들이지 못하는 베스 때문에 헤일리가 교장실까지 간 사건으로 정리됐어요. 하지만 그건 농담이 될 수 없어요. 전 웃지 못했으니까요."

자기 생각 드러내기

●

이젠 바뀌어야 한다. 아이들이 친구를 놀리고 괴롭히는 행위를 완전히 없애는 것은 불가능하지만, 딸이 학교에서 긍정성을 발휘하도록 기반을 다져줄 수는 있다. 또한 딸이 더 많은 자신감과 인간관계 기술로 친구와의 우정을 키워가도록 도울 수 있다.

열여섯 살 사라는 친구들이 하는 "나는 안 날씬해." 따위의 말을 듣는 일이 지겨워졌다고 말했다.

"그 말을 듣는 데 신물이 나서 절교하고 싶은 생각이 들었어요. 물론 저도 그런 얘길 가끔 하긴 했지만 그 애들은 너무 심했어요. 걔들이랑 있으면 멀쩡히 밥을 먹는 제가 이상한 사람처럼 느껴진다니까요. 그러던 어느 날, 점심시간에 친구들이 또 그런 얘기를 하는 거예요. 누구는 너무 뚱뚱하다는 둥, 누가 다시 다이어트를 시작했다는 둥 하면서요. 그러자 한 친구가 자기 모습이 너무 역겨워 보인다며 징징거리는 거예요. 전 그런 말들에 넌더리가 났고 폭발 직전이었죠. 그래서 '지금부터 누가 뚱뚱하다느니 살을 빼야 한다느니 하는 말을 할 거면 다른 곳으로 가줘. 더 이상은 못 들어주겠거든' 하고 말해주었어요."

"친구들 반응은 어땠어?"

"제 말에 동의하더라고요. 그 애들도 지겨웠나봐요."

우리는 딸에게 이런 걸 가르쳐야 한다. 친구 관계를 오랫동안 유지하기 위해서는, 친구들이 불편한 대화를 할 때 뒤에서 험담하지 말고 앞에서 자기 생각을 말하라고 말이다. 우리의 딸들이 이런 상황을 바람직한 방향으로 끌고 갈 수 있는 몇 가지 방법을 소개해보겠다.

1. 문제를 제기한다

사라처럼 농담 식으로라도 문제를 제기한다. 이렇게 하면 친구들이 다른 아이들도 변화를 원한다는 사실을 알 수 있다.

2. 함께 재미있는 활동을 한다

친구들과 함께 할 수 있는 활동을 찾으면 좋다. 이렇게 하면 몸매 위주의 대화에서 벗어나 함께한 활동과 그 성과에 대한 대화를 나누게 된다.

3. '나를 가꾸는 날'을 만든다

몸무게와 상관없이 많은 여학생이 머리를 매만지고 손톱을 정리하고 옷을 고르는 것을 좋아한다. 자신을 가꿀 수 있는 날을 정해서 실컷 해보게 하면, 여학생은 자신이 가치 있는 존재이며 좋은 대접을 받아 마땅하다는 사실을 상기할 수 있다.

4. 친구의 장점을 말해준다

친구의 재능, 분위기, 성격에 대해 솔직하게 칭찬해주면 친구의 자존감을 높이게 된다. 그러면 친구는 외모에 대한 불만이나 성형수술 같은 화제가 아닌, 다른 주제로 대화를 하게 될 것이다. 살빼기를 소재로 한 이야기처럼 칭찬 역시 전염성이 강하다. 이렇게 칭찬이 전염되면 친구들 사이의 전반적인 분위기가 바뀔 수 있다.

5. 불평불만을 말하는 것에 시간제한을 둔다

끊임없이 불만을 쏟아내는 일은 소모적이고 비생산적이다. 딸에게 이런 분위기를 바꾸는 연습을 해보라고 하자. 바로 친구들끼리 대화할 때 불평을 늘어놓는 시간에 제한을 두는 것이다. 딸은 친구들과 자신의 단점이나 문제점에 대해 딱 2분 동안 불만을 털어놓는다. 얼마 후에는 2분이라는 시간도 길다고 느낄 것이다.

6. 자신을 평가할 때 "내 생각일 뿐이야."라는 말을 붙인다

친구들과 "난 3킬로그램을 빼야 해." "내 허벅지는 너무 두꺼워." "내 다리는 저 애 다리보다 못생겼어." 같은 말을 할 때마다 끝에 "내 생각일 뿐이야."라는 말을 붙이는 게임을 해보자. 자신의 생각을 사실처럼 말하다 보면 부정적인 보디 이미지가 형성된다는 점을 꼭 알아야 한다.

딸은 어떤 친구를 사귀는가?

●

믿음, 원활한 의사소통, 인정을 바탕으로 우정을 키우는 여학생은 자존감과 전반적인 삶의 만족도가 높다. 이런 여학생은 친구와 경쟁하기보다는 어떻게 하면 서로를 더 도와줄 수 있을까에 큰 관심을 기울인다. 열여섯 살 니콜은 내게 이렇게 말했다.

"동네 쇼핑몰에서 여러 가지 수영복을 입어봤는데 다 마음에 안 들더라고요. 그래서 제 단짝 모니카한테 '수영복 입은 내 모습이 맘에 안 들어. 어떻게 하지?'라고 했더니, 모니카가 탈의실 거울 맨 위에 빨간

립스틱으로 '정말 예뻐요!'라고 쓰는 거예요. 그 옆에 하트 모양도 그리고 거울에 비친 저를 향해 화살표도 그었어요. 그걸 보자 제 기분이 싹 바뀌더라고요. 모니카와 전 요즘 거울을 볼 때마다 '정말 예뻐요!'라고 말해요. 그 말은 우리의 모토가 되었어요."

나는 항상 여학생들에게 진정으로 힘이 되는 친구를 만나면 그 친구와의 관계를 돈독히 하라고 말한다. 그런 친구는 드물지만 아주 소중한 존재다.

행복의 핵심은 강한 사회적 유대감, 그리고 타인과 연결되어 있다는 느낌이다. 또한 중요하고 의미 있는 일을 논의할 친구가 다섯 명 이상인 사람은 그런 친구가 다섯 명 미만이거나 아예 없는 사람에 비해 '나는 아주 행복하다'라고 느낄 확률이 더 높다. 돈독한 우정을 쌓는 사람은 우울증에 걸릴 확률이 낮고 더 활기차게 지내며 면역력이 좋고 수명도 길다. 따라서 좋은 친구를 사귀는 것은 정말 중요하다!

딸이 어떤 친구들과 사귀고 있는지 알고 싶다면 이렇게 물어보자.

* 그 친구들과 오랫동안 친하게 지냈니?
* 앞으로도 그 친구들과 친구로 지낼 것 같니?
* 네 속내를 그 친구들에게 거리낌 없이 털어놓을 수 있니? 그 친구들이 네가 한 이야기를 남에게 말하지 않을 거라는 확신이 있니?
* 친구들에게 소속되어 있다는 느낌이 드니?
* 서로 도움을 주고받는 사이니?

✱ 그 친구들과 있을 때 온전한 네 자신이 되는 느낌이 드니?

✱ 네가 생각하는, 친구로서 갖춰야 할 중요한 자질 세 가지는 뭐니? 네
  친구들은 그걸 갖추었니?

만약 딸이 지금 사귀는 친구들과 있을 때 자신에 대해 부정적인 생각을 하게 된다면, 그 친구들보다는 마음이 더 건강한 친구들을 사귀어야 한다. 물론 새 친구를 찾는 일이 항상 쉽지는 않다. 하지만 당신은 엄마로서 딸이 새로운 친구를 적극적으로 찾도록 격려하는 것이 좋다.

Body Image Quotient ;
√ 학교와 친구에 대한 딸의 생각

Q1 내 딸은 학교에서 몸무게 때문에 비난이나 놀림을 당한다고 말한 적이 있다.

A 자주 말한다. 친구들에게 종종 괴롭힘을 당하거나 열등감을 느끼는 것 같다.

B 가끔 말한다. 하지만 그런 상황에 잘 대처하는 것 같다.

C 거의 말하지 않는다. 설령 놀림을 받더라도 친구가 다시는 그러지 못하게 즉시 조치를

취하거나 그런 말을 툭툭 털어내는 것 같다.

Q2 내 딸은 학교 친구들 앞에서 음식 먹는 것을 조심한다.

A 그렇다. 친구들 앞에서는 거의 먹지 않거나 저칼로리 음식만 먹는다.

B 원래의 식습관과는 조금 다르게 먹지만 하루 동안 학교생활을 할 수 있을 정도의 양은

먹는다.

C 친구들 앞에서도 자신이 먹고 싶은 대로 먹는다.

Q3 내 딸은 학교에 갈 때……

A 외모 때문에 친구들이 놀리거나 무시할까 걱정한다.

B 자신에게 잘 해주는 친구도 있겠지만 외모 때문에 자신을 무시하는 친구도 있을 거라

생각한다.

C 자신의 외모 때문에 신경이 곤두서지 않으며 친구들이 자신을 어떻게 생각할지 연연

하지 않는다.

Q4 내 딸은 남자아이들에 대해 이렇게 생각한다.

A 남자아이들의 시선을 의식하며 자신이 너무 뚱뚱해서 아무도 자신을 좋아하지 않는다

고 생각한다.

B 남자아이들이 날씬한 여자아이들을 더 좋아한다고 믿는다. 하지만 나중에는 자신을

있는 그대로 좋아해줄 남자를 만날 거라고 생각한다.

C 남자아이들 때문에 스트레스 받는 일은 없다. 남자아이들을 편안하게 생각하며 남자

아이들의 관심을 받기도 한다.

Q5 딸의 친구들은……

A 딸에게 수치심을 주고 딸을 이용하고 따돌리는 경향이 있다.

B 가끔은 딸을 심리적으로 조종하지만 대개 잘 대해주는 편이다.

C 딸과 잘 어울리고 딸을 격려하며 딸이 최선을 다하도록 돕는다.

A (각각 1점)	**B** (각각 2점)	**C** (각각 3점)	총점

Part 07

몸무게와 상관없이
당당한 여학생의 비밀

내면의 힘, 자신감, 용기 등은 마법 같은 힘을 발휘한다. 이러한 특성을 갖춘 여학생은 행동하는 방식뿐만 아니라 자신과 이 세상을 생각하고 느끼는 방식도 긍정적이다. 건강한 청소년, 건강한 사회를 모토로 내세우는 미국의 비영리단체인 조사협회(Search Institute)에서 어린이와 10대 청소년 220여만 명을 대상으로 조사를 실시했다. 그 결과 청소년은 앞서 언급한 특성을 많이 갖출수록 성공할 가능성이 높아지고 위험한 행동을 할 가능성은 낮아지는 것으로 나타났다.

조사협회 연구원들은 아이들이 '스파크(SPARK, 원래 불꽃이라는 의미가 있다)'를 갖추어야 한다고 강조했다. 여기서 스파크란 학문, 인간관계, 운동, 예술 등의 분야에 대한 흥미, 재능, 기술, 장점, 꿈을 말한다. 어른들의 응원과 지지를 받는 아이들이 스파크까지 갖추면 자신의 진정한 열정을 발견하게 된다. 나는 많은 여학생을 만나면서 그들에게 자기만의 '노하우', 열정을 품는 명확한 목적과 실천력이 있을 때 스파크가 더 강화된다는 사실을 알게 되었다. 그래서 나는 조사협회에서 언급한 스파크의 의미를 조금 더 확장하여 SPARK라는 머리글자를 만들었다.

지지(Support) 중요한 멘토의 지지. 여기서 멘토는 일반적으로 여학생의 활동 반경 내에 있는 신뢰할 만한 어른을 말한다. 이들은 다양한 위치에서 아이들을 좋은 방향으로 이끌어주고 확신을 주며 축하와 격려를 해준다.

열정(Passion) 자신이 정한 생생한 목표를 이루는 데 필요한 애정, 흥미, 자신감.

실천(Action) 다른 사람의 재촉이나 자극 없이 자신이 하기로 한 일을 일관되게 밀고 나가는 것.

이유(Reason) 끊임없이 전진하고 행동하게 만드는 근본적인 구실.

지식(Knowledge) 목표를 이루기 위해 필요한 기술과 능력.

스파크(SPARK)를 갖춘 여학생은 '뚱뚱한 것'에 신경 쓰지 않는다. 나는 터프츠대학교에서 논문을 쓸 때 빅 사이즈 모델들을 조사한 적이 있다. 그들은 77사이즈부터 99사이즈로 날씬함과는 거리가 멀었지만, 자신들이 날씬한 여성만큼이나 유능하다고 생각했다. 비단 외모뿐만 아니라 지적 능력, 연애 기술, 유머 감각, 전반적인 자존감도 더 뛰어나다고 생각했다. 일부 빅 사이즈 여성들은 '뚱뚱한 여자는 해낼 수 없고, 해서서도 안 되며 앞으로도 해내지 못할 것이다'라는 사회의 강한 편견에도 불구하고 성공을 거두었다. 이는 날씬함이 성공의 필요조건이라고 말하는 그동안의 연구 결과들과 전혀 일치하지 않는 부분이다.

하지만 대부분의 여학생들은 보디 이미지와 몸무게에 대해 여학생 특유의 문제점을 안고 있다. 따라서 '마르지 않으면 존중받지 못한다'라는 사회의 시각을 신경 쓰지 않고 자신이 믿는 가치를 실천할 수 있도록 도움을 줄 믿음 체계가 필요하다.

나는 많은 조사 결과들이 언급한 긍정적 특성들에 나의 생각을 혼합해 '당찬 여학생 법칙 10'을 만들었다. 이 법칙은 여학생을 보호해주고 긍정적 행동을 촉진하는 역할을 한다. 또한 부모는 딸이 자기 몸에 대한 부정적 메시지를 들을 때 반박하고 자기 내면에 긍정적 특성을 쌓도록 돕는 데 이 법칙을 길잡이로 삼을 수 있다.

당찬 여학생 법칙 01

나는 내 감정을 건강한 방법으로 표현할 줄 안다

- 나는 긍정적이든 부정적이든 다양한 감정을 느낀다.
- 나 자신을 돌보고 정서적으로 행복해진다.
- 부정적 감정이라도 그것을 표현한다.
- 같은 경험을 하더라도 다른 사람과 다르게 느낄 수 있다.

• 나는 경험을 통해 배우고 성장할 것이며, 그에 따라 나의 감정도 변해갈 것이다.

세계적 심리학자 다니엘 골먼의 책《감성 지능》이 유명해지면서 감성 지능(emotional intelligence)이라는 말도 널리 알려졌다. 이 말은 자신의 감정을 분별하고 표현하며 수용하는 능력을 가리킨다. 감성 지능은 자기 확신과 밀접한 관련이 있다. 전자가 감정을 조절하게 해준다면 후자는 감정을 마음껏 드러내게 해준다. 자기 확신이 있는 여학생은 자신을 옹호하는 말을 한다. 또한 좋은 성과를 내고 행복감을 느끼고 안심하기 위해 자신이 원하고 필요하다고 느끼는 것을 말로써 표현한다. 나는 여학생들에게 이렇게 말한다.

특정한 상황에 대한 감정을 표현하라.
"네가 나하고만 있을 때는 단짝인 척하고 학교에선 나를 무시해서 상처 받았어."
특정한 상황에 처했을 때 느낌을 표현하라.
"너와 내가 함께 있는 모습을 친구들이 보았을 때 네가 당황하는 것 같더라."
다른 사람에 대한 감정을 표현하라.
"난 널 좋아하고 존중해. 그래서 이런 일이 생겼을 때 바로 너와 상의하고 싶었어."
상대방의 감정을 확인하라.
"내가 한 말을 어떻게 생각하니?"

우리의 딸들은 감성 지능과 자기 확신을 갖추고 그것을 제대로 드러낼 때 서열, 지위, 일반적인 규칙, 낮은 기대치라는 한계에서 벗어날 수 있다. 다음에 소개될 매리처럼 말이다.

일리노이에 사는 스물네 살 매리는 트위터에 자신을 '행동주의자, 페미니스트, 이상주의자…… 그리고 촌뜨기'라 소개하고, 페이스페인팅으로 꽃 그림을 잔뜩 그려넣은 얼굴 사진도 함께 올렸다. 나는 곧장 호기심을 느꼈다.

"엄마는 극성 페미니스트예요. '외모에 신경 쓰는 것은 아무 의미가 없다. 넌 아주 현명하니까 대중매체에서 주입하는 메시지를 흡수해선 안 된다. 여성스러운 몸매를 가져야 한다는 생각은 몹시 위험하다'라는 말을 달고 살았죠. 또 '대중매체는 끊임없이 네 생각을 왜곡시키려 하고, 이 세상에는 너를 화나게 할 이상한 남자들이 존재한다'라는 말도 해줬어요. 그래서 전 제 몸에 대해 생각할 때면 언제나 두려움과 고통을 느꼈어요. 실제로 몸에 대한 생각을 하는 것만으로 복통을 느끼기도 했어요."

매리는 불만이라는 감정을 아주 잘 감추었다. 그러다가 열여섯 번째 생일 직전에 섭식장애 진단을 받았다. 그때 담당 의사는 매리가 부모님에게 자기 몸이나 몸무게에 대해 부정적인 말을 한 적이 없다는 사실을 알고 충격을 받았다고 한다. 매리는 내게 솔직하게 말했다.

"하지만 전 그럴 수밖에 없었어요. 제 몸 자체를 수치스럽게 여기는 것을 넘어 제 몸에 신경 쓰는 것 자체를 수치스럽게 여겼으니까요."

매리는 엄격한 페미니즘 잣대를 들이대던 엄마와 떨어지고 나서야 자신의 감정을 엄격히 통제하는 생활에서 벗어났다.

"치료 센터에 입원하면서 제 몸에 대한 인식을 포함한 모든 것이 나아졌어요. 치료 프로그램 중에 밧줄로 하는 레크리에이션이 있는데 그걸 하면서 처음으로 제 몸이 '강하다'는 생각을 하게 되었어요. 그리고 '몸이 어떻게 보이는가'가 아니라 '몸이 무엇을 할 수 있나'에 초점을 두어야 한다는 사실을 깨달았어요."

나는 매리에게 이제 자신의 외모를 어떻게 묘사하느냐고 물었다.

"예전의 나라면 아마 '160센티미터의 키에 흰 피부, 갈색 머리에 갈색 눈…… 몸무게는 몇 년 동안 안 재봐서 몰라요'라고 대답했을 거예요. 지금은 이렇게 말하죠. '키가 160센티미터고 납작한 샌들을 즐겨 신고 머리 스타일은 끊임없이 바뀌어요. 파란색이었다가 녹색이었다가 지금처럼 단발머리도 하고. 아주 근사한 두꺼운 테 안경을 끼고 다니고 어린애처럼 미소를 지어요'라고요."

매리는 잠시 허공을 보며 우두커니 미소를 지었다. 그러더니 뒤이어 말했다.

"초등학교 때 섭식장애에 대해 배운 적이 있어요. 그때는 제가 이렇게 끔찍한 병에 걸릴 줄 몰랐어요. 전 아름다움에 대한 맹신, 마른 몸을 이상적으로 여기는 풍조, 여성에 대한 폭력 등 여러 가지 문제점에 대해 배웠어요. 하지만 그러한 것들에 맞서는 내면의 힘에 대해선 배우질 못했어요. 그러다가 제 감정을 안전하게 소통하는 법, 제 감정을 행동으로 드러내는 법을 배우면서 마침내 제 삶의 주인이 되었어요."

나는 모험을 두려워하지 않으며 내 행동에 책임을 진다

- 모험을 시도해본다.

- 실패하더라도 자존감이 훼손되지 않는다.

- 같은 일이라도 예전과 다른 방식으로 해본다.

- 여자아이들을 구속하는 사회적 통념에 반대한다.

- 모험을 시도할 때 도움을 요청한다.

스물한 살 에리카는 부끄럼 많고 통통한 여학생이었다.

"전 제가 어떤 사람인지, 저에게 맞는 자리는 어딘지 알아내려고 무척 애썼어요. 열세 살 때 새엄마가 생겼는데, 새엄마는 예쁘고 날씬하고 친절하고 똑똑하고 관대하고 섹시한 여자였어요. 직업은 모델이었는데, 새엄마 친구들도 모두 슈퍼모델처럼 생겼어요."

볼륨 있는 66사이즈의 몸매를 가진 에리카는 성격이 괄괄해 보였다. 외모나 몸무게에 대한 농담도 거리낌 없이 잘했다. 그렇다고 아무 데서나 눈치 없이 농담하는 성격은 아니었고, 아는 체를 하거나 관심을 끌고 싶어 하는 성격도 아니었다. 에리카는 44사이즈 여자들이 많은 맨해튼 북동부 지역에 살았다.

"다들 작아도 너무 작아요. 여자들이 보통 44사이즈를 입는다니까요. 그래서 저도 그 사이즈가 되어야 하는 줄 알았어요. 새엄마와 쇼핑을 하러 가면 44사이즈 아니면 55사이즈만 걸려 있었어요. 제가 옷을 입어보려고 하면 점원들은 사람들 앞에서 큰 소리로 '손님은 66사이즈 입어야겠네요!'라고 말하는 거예요. 정말 죽고 싶었어요."

에리카는 마른 몸이 강조되는 분위기에 자신을 맞출 방법이 없다고 판단했다. 그래서 자신에게 성취감을 주는 일에 도전해보기로 했다.

"제게 딱 맞는 일이 무엇일까 찾기 위해 여러 가지 일을 해봤어요."

에리카는 잡지사를 만들었다가 파티플래너로 일하다가 다시 연기도 해보고 노래와 요리도 해보았다. 하지만 그 어떤 일도 맞지 않았다.

"모든 게 몸무게 때문이라고 생각했어요. 그래서 다이어트를 했다가 폭식을 했다가 약물에도 의존했어요. 아무리 해도 안 되더라고요. 모든 게 절망적이었어요."

달리 무엇을 해야 할지 몰랐던 에리카는 자기 삶에 책임을 지는 한 방법으로 블로그를 시작했다. 그리고 자신에 대한 이야기와 자신의 경험을 글로 썼다.

"일상에서 제가 느끼는 생각들을 블로그에 올리기 시작했어요. 그런데 갑자기 사람들이 제게 와서 '네 블로그 봤어. 너 아주 재밌던데!'라고 하는 거예요. 사람들이 정말 제 블로그에 들어와 글을 읽을 거란 생각은 못 했거든요. 놀라웠죠."

그러던 어느 날 에리카는 정말 의외의 제안을 받았다. 자선행사에 와서 단독 코미디 공연을 해달라는 요청이었다. 에리카는 코미디언도 아니었고, 그것에 대해 생각해본 적도 없었다. 하지만 블로그의 글을 통해 사람들은 에리카가 갖고 있는 재능을 알아봤던 것이다.

2주 후 에리카는 두려운 마음을 안고 무대에 올랐다.

"처음 제안을 받았을 땐 관객들에게 제 블로그 글이나 읽어주어야겠다고 생각했어요. 그러다가 한번 제대로 해보자고 결심했죠. 그래서 무대에 올라가 사람들에게 제 이야기를 해주었어요. 그 순간 저는 온전한 제 자신이 되었어요. 갑자기 마음이 평온해지더라고요. 사람들은 제 이야기를 들으며 행복하게 웃었어요. 아빠와 새엄마도 관중석에서 저를 바라보며 웃더라고요. 정말 즐거운 시간이었어요. 그날 전 알았어요. 제가 그토록 찾아 헤매던 일을 찾았다는 걸요!"

당찬 여학생 법칙 03

나는 미래를 위해 목표를 세우고 그것을 이루려 노력한다

- 큰 꿈을 품고 성공적인 미래를 위해 계획을 세운다.
- 예전에 해본 적 없는 일을 시도한다.
- 도전하되 현실적인 일정을 세운다.
- 목표를 이루는 데 필요한 도움을 요청한다.
- 실패하더라도 새로 습득한 지식과 기술로 계획을 수정할 수 있다.

미국에서는 빅 사이즈 10대 소녀들의 미인대회(Miss Plus Teen USA)가 매년 열린다. 린 터커는 이 대회에서 입상한 적이 있는 소녀다. 그녀는 고등학교 2학년 때 집안 형편이 어려워 무도회에 참석하지 못하는 여학생들을 위해 한 가지 프로젝트를 기획했다.

"저는 어떤 목표든 똑같은 방법으로 접근해요."

린 터커는 침착하고 자신감이 있었으며 말도 똑 부러지게 잘했다. 우리가 대화를 나누는 동안 그녀는 "어" "음" "그게" 같은 말을 한 번도 하지 않았다.

"저는 우선 스스로에게 이렇게 물어요. '문제가 뭐지? 나중엔 상황이 어떻게 되길 바라지?'라고요. 문제를 정확히 알지 못하면 해결할 수도 없잖아요. 저는 집안 형편과 상관없이 모든 여학생이 무도회에 참가할 수 있으면 좋겠다고 생각했어요."

그리고 목표를 현실로 이루는 데 가장 필요한 세 가지를 정했다.

"첫째는 드레스 기부, 둘째는 헤어와 메이크업 기부, 그리고 셋째가 장소 기부였어요."

다음은 몸으로 뛰어다녀야 할 차례였다. 그녀는 전단지 150장을 만들어 시내에서 사람들에게 나눠주었다. 사람들에게 자신을 소개하고 프로젝트와 이에 필요한 것들에 대해 설명했다. 그렇게 해서 옷 가게 다섯 곳과 미장원 세 곳에서 기부 약속을 받았고, 장소도 한 군데 협찬 받을 수 있었다.

어른 중에서도 성숙하고 투지가 강한 사람은 그렇게 많지 않다. 중요한 점은 목표의 범위가 아니라 목표를 위해 매진하는 열정이다. 10대에 이 정도의 열정을 쏟은 사람이라면 성인이 되어 좀 더 원대하고 장기적인 목표를 이룰 가능성이 크다.

"어른들은 10대를 잘 믿지 않으려고 해요. 하지만 우리에겐 열정과 추진력과 목표가 있어요."

린 터커는 내 마음을 읽기라도 한 듯 말했다. 어른들에게 폭넓은 지지와 인정을 받는 청소년은 아주 일부에 불과하다. 어른들에게 인정받지 못한다고 느끼는 청소년들이 67~95%라는 조사 결과도 있다.

린 터커는 어른들이 10대 여학생들을 더 많이 지지해주어야 한다는 점을 알리기 위해 라디오 방송국과 여성 단체를 열성적으로 찾아다니고 있다.

"누구나 몸무게와 상관없이 자신이 가치 있고 아름다운 존재라고 느낄 수 있어야 해요. 지역 사회의 영향력 있는 여성들이 여학생들에게 그런 메시지를 전해야 해요. 저는 암 환자인 할아버지와 아버지를 지켜보면서 이런 생각을 하게 되었어요. 강연자가 되어 기금을 모으고, 연구원들과 암으로 고통받는 아이들을 도와주는 일을 제 목표로 삼고 싶다고요. 저는 할 수 있다는 걸 알아요."

많은 장점에다 행동력까지 갖춘 린 터커이기에 나는 전혀 의심하지 않았다. 그 무엇도 그녀를 말리지 못할 것이다.

당찬 여학생 법칙 04

나는 나 자신을 긍정적으로 생각하다

- 좀 더 예쁘게 바꾸고 싶은 부분이 있더라도 거울에 비친 내 모습에 만족해한다.
- 다른 사람들의 의견과 무관한 나의 진정한 모습을 볼 줄 안다.
- 예쁘면서도 건강한 여학생의 몸매에 대해 현실적인 시각을 갖는다.

몸무게와 상관없이 당당한 여학생의 비밀

- 내 몸매가 내 몸의 가치나 능력을 반영하는 것이 아님을 안다.
- '다른 사람들이 내 외모를 어떻게 판단할까?'라는 생각에 사로잡히지 않는다.

'당찬 여학생 모임'의 마지막 날에 나는 부드러운 음악을 틀고 촛불을 켠다. 여학생들이 한 명씩 다가오면 나는 이런 질문을 한다.
"이 모임을 하면서 알게 된 게 있다면?"
여학생들은 다음과 같은 대답을 한다.

* "있는 그대로의 제 자신이 아름답다는 점이요."
* "제 몸이 저의 전부가 아니라는 걸 알았어요."
* "눈에 보이는 것이 전부 진실은 아니라는 걸 이제 알았어요."
* "저 자신을 대변해 당당히 말할 능력이 제 안에 있다는 사실이요."
* "제가 할 수 있는 일에 한계가 없다는 점이요."

뒤이어 여학생들은 일종의 이별 의식으로 '응원의 다리(support bridge)' 밑을 걷는다. 이 다리는 여학생들이 직접 손으로 만든 모형물로 앞에서 언급한 긍정적 피드백 고리를 상징한다. 이 고리는 다음과 같이 이어진다.

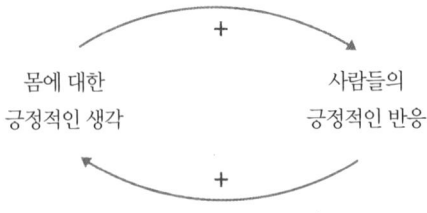

부정적인 생각 버리기

'당찬 여학생 모임'의 마지막 날에 여학생들은 '나는 내 허벅지가 싫다' '내 배는 뚱뚱하다' '나는 매력적이지 않다' 등 버리고 싶은 부정적인 생각들을 종이에 적는다. 그런 다음 종이를 구겨서 쓰레기통에 넣는다.

집에서도 딸과 함께 이런 활동을 하면서 다음과 같은 질문을 하면 좋다.

* 이 생각들은 어디서 나왔니?

* 네게 이런 생각을 주입한 장본인이 누구니?

딸이 종이에 쓴 내용을 보여주지 않으려 한다면 굳이 보려 하지 말고, 그 생각들을 수첩에 적어놓도록 격려한다. 그러면 자신을 가치 있게 만들어주는 것이 무엇인지 확실히 알게 된 상태에서 다음에 다시 그 생각들을 들여다볼 수 있다.

이 활동의 마지막 단계는 그동안 불만을 느껴온 신체 부위에 사과의 편지를 쓰는 일이다. 예를 들면 다음과 같다.

내 다리에게

그동안 너를 미워해서 미안해. 넌 못생기지 않았어. 아주 쓸모 있어. 네 덕분에 축구경기에서 골을 넣고 이길 수 있었고, 엄마와 함께 산책할 수도 있어. 네가 없었다면 이런 행복을 느끼지 못했을 거야.

열일곱 살 사라는 짧은 머리에 몸매가 탄탄한 여학생이었다. 사라는 환한 미소를 지으며 이렇게 말했다.

"시내에 있는 쇼핑몰에서 '여학생을 위한 특별 이벤트'를 한다기에 엄마와 함께 갔어요. 거기서 제 생각이 확 바뀌는 일이 일어났어요. 스타일리스트가 엄마와 저를 따라다니며 머리 손질과 화장도 받게 하고 새 옷도 추천해주었어요. 고객에게 '최고의 모습'을 찾아준다면서요. 저는 새롭게 변한 제 모습이 신기해서 스타일리스트에게 이렇게 말했어요. '놀라워요. 평소엔 옷을 입으면 소시지 같았어요. 제가 허벅지도 굵고 엉덩이도 엄청 크거든요. 그런데 지금 제 모습은 멋지네요'라고요. 그러자 그 스타일리스타가 저를 거울 앞에 세우며 이렇게 말하더라고요. '난 사라 양의 몸매를 바꾼 게 아니라 옷을 바꿔준 거예요. 사라 양의 몸매는 나쁘지 않아요. 그동안 안 어울리는 옷을 입었던 거죠. 지금 거울에 비친 모습이 사라 양의 진짜 모습이에요.' 그때 제 생각이 확 바뀐 거죠. 지금 이대로의 내 모습이 정말 예쁘다고요."

나를 격려하고 지지하는 사람들을 내 주위에 둔다

- 나는 어른들에게 지지를 받는다고 느낀다.
- 어른들이나 친구들과 긍정적인 의사소통을 한다.
- 내게 격려와 지지가 되는 환경을 찾는다.

- 나를 고무시키고 이끌어줄 어른을 찾는다.
- 있는 그대로의 나를 지지해주는 친구들을 곁에 둔다.

코니 린지와 대화를 나누는 것은 오디오북을 듣는 일 같았다. 그만큼 그녀의 말은 호소력이 있었고 마음을 사로잡았다. 나는 부끄러움을 심하게 타던 소녀가 나중에 미국 걸스카우트 총재로서, 그리고 이 단체의 최고 자원 봉사자로서 300만여 명의 걸스카우트 회원들을 이끄는 위인이 되었다는 사실을 믿기 어려웠다.

코니 린지는 수십 년 전 열한 살 때 처음으로 걸스카우트 단원이 되었다. 지방 도시의 빈민가에 사는 어린 여학생에게는 쉽지 않은 일이었다. 코니는 엄마만 있는 결손 가정에서 자랐다. 코니의 엄마는 열심히 일했지만 돈은 많이 벌지 못했다.

"사람들은 제가 사는 곳과 외모만으로 제 미래를 지레짐작했어요. 전 그런 말을 들어도 아무 말도 못 했고요."

하지만 코니는 많은 지원자들을 자기편에 두는 복을 누렸다. 이들은 코니가 자기 목소리를 찾게 도와주었다. 같은 교회에 다니던 한 아주머니는 코니에게 걸스카우트 제복을 사주었고, 걸스카우트 분대장은 "너는 소중한 존재야. 그 누구도 너에게 하찮다는 말을 하지 못하게 만들어야 해."라는 말로 코니에게 자신감을 심어주었다. 그 후로 코니의 목소리는 조금 커졌다.

코니의 엄마는 늘 이렇게 말했다.

"넌 예쁜 아이야. 네 반의 못된 애들보다 더 똑똑해지거라. 그러면

20년 뒤에 넌 그 애들보다 훨씬 더 높은 곳에 서 있을 거다."

어느 일요일, 코니가 다니는 교회의 목사가 마틴 루터 킹 목사와 함께 걸어나와 신도들에게 이런 말을 했다.

"여러분은 모두 가치 있는 존재입니다. 지금의 외모가 아니라 하나님의 눈에 비친 여러분의 모습이야말로 앞으로 여러분이 어떤 사람이 될지 결정하는 중요한 요소입니다."

그 후로 코니의 목소리가 조금 더 커졌다. 하지만 코니 내면에 있는 목소리를 온전히 밖으로 끄집어내준 사람은 합창단 지휘자 글로리아 라이트였다. 코니가 아주 어릴 때부터 독서를 좋아하는 총명한 아이라는 점을 알았던 글로리아 라이트는 코니에게 이런 말을 했다.

"네겐 뛰어난 어휘력과 표현력이 있어. 너는 이 능력을 다른 사람을 이롭게 하는 데 쓸 수도 있고, 욕되게 하는 데 쓸 수도 있단다. 하지만 난 네가 다른 사람을 이롭게 하는 일에 그 능력을 쓸 거라 생각해. 그건 재능이야. 그걸 잘 활용하렴!"

코니는 위대한 책을 쓴 사람만이 다른 사람의 시각과 생각을 바꿀 수 있는 것이 아니라, 자신도 언어를 통해 사람들에게 영향을 줄 수 있다는 점을 깨달았다.

"저는 글로리아에게 '제게 해주신 말을 가슴속에 새겨두었어요'라고 말했어요. 그리고 그 분을 지켜보면서 이런 생각을 했어요. 나도 커서 사람들에게 저렇게 긍정적인 영향을 끼치는 사람이 되겠다고요."

코니는 지금 자신이 배운 그 모든 것을 걸스카우트 단원들에게 나눠주고 있다.

"여러분의 몸을 사랑하고 그대로 인정하세요. 주위 사람들에게 기대세요. 자기 생각을 분명히 말하세요. 우리가 들어줄게요. 재능을 드러내세요. 우리가 잘 키워줄게요. 여러분의 목소리는 가치 있는 것이며 누군가는 반드시 그 소리를 들어줄 겁니다."

지지 파트너 만들기

여학생들은 옆에서 계속 지켜봐주고 이끌어주는 사람이 있을 때 목표 달성을 잘하는 경향이 있다. 이런 역할을 하는 사람을 나는 지지 파트너(accountability partner, AP)라 부른다. 딸이 자신의 꿈을 위해 계획을 세우고 그것을 잘 지켜나갈 수 있도록 함께 고민하고 격려해주는 친구, 부모, 선생님 등이 바로 지지 파트너인 셈이다.

딸에게 다음의 질문 네 가지를 스스로 해보도록 가르치자.

1. 나의 목표는 무엇인가?

2. 그 목표를 언제까지 이루려고 하는가?

3. 나의 지지 파트너는 누구인가?

4. 목표를 이루었을 때 지지 파트너에게 어떻게 알릴 것인가?

목표를 이루지 못하더라도 완전히 실패한 것은 아니다. 지지 파트너와 함께 계획을 다시 검토하고 수정해야 한다는 의미로 받아들이면 된다.

나는 나의 몸매에 대해 주체적인 시각을 갖는다

- 대중매체가 몸에 대한 생각을 특정한 방식으로 만들려 한다는 걸 안다.
- 내가 보고 읽는 것을 분석하고 비판할 줄 안다.
- 아름다움에 대한 생각의 틀을 확장한다.
- 대중매체에서 본 내용과 나의 느낌에 대해 내가 신뢰하는 사람들과 토론한다.

티파니 브랙스톤은 검은 눈동자에 눈웃음이 아름다운 빅 사이즈 모델이다. 나는 터프츠대학교에서 논문 연구를 진행할 때 그녀를 만났다. 티파니는 몸매에 집착하는 엄마 밑에서 부정적인 말들을 많이 들으며 자랐지만 엄청난 노력으로 그 굴레에서 벗어난 여성이다. 나는 이 책을 준비하면서 다시 티파니에게 연락을 했다.

티파니의 엄마는 어렸을 때부터 뚱뚱했다. 외할머니도 그랬다. 티파니의 엄마와 할머니는 어릴 때 아동복이 너무 작아서 어른 옷을 입어야 했고 그 때문에 친구들의 놀림을 자주 받았다. 그래서 티파니만큼은 그렇게 자라지 않게 하려고 몸매에 대해 엄격한 잣대를 들이댔다.

티파니는 과체중도 아니었고 응원단 활동, 테니스, 달리기 등을 하며 활동적으로 지내는 아이였다. 하지만 티파니의 엄마는 딸이 조금이라도 살이 찔까 두려워한 나머지 먹는 것 하나하나를 감시했고, 몸무게가 늘면 지적했다. 그러면서 자신이 받았던 감정적 상처를 드러냈다.

"어느 날 시리얼과 우유를 먹으려고 했더니 엄마가 못 먹게 하는 거예요. 몸무게도 늘고 있는데 굳이 그걸 먹어야겠냐고 하면서요. 또 한 번은 제가 남자친구와 헤어졌다고 하니까, 정말 진지한 얼굴로 제가 뚱 뚱해서 남자친구가 날씬한 여자에게 간 거라고 하더라고요. 살을 빼지 않으면 앞으로도 계속 그런 일이 일어날 거라는 말도 빼놓지 않고 하셨 죠. 그때 제 사이즈가 77이었어요."

티파니는 그런 엄마를 이해했다. 딸만큼은 자신의 전철을 밟지 않기 를 바라기 때문에 몸무게에 연연하고 다이어트와 몸매에 광적으로 집 착하는 엄마를 한 번도 비난하지 않았고 그런 현실에 초연했다. 모순처 럼 보일지 모르지만 티파니가 모델 일을 하고 여성 상담일을 시작하게 만든 원동력은 바로 몸무게에 집착한 엄마였다.

"뚱뚱하다는 이유로 고통을 겪어야 했던 엄마의 삶을 이해했기에 빅 사이즈 여성들에게 힘을 실어주는 일을 꾸준히 할 수 있었어요."

티파니는 엄마의 고통이 자신에게 대물림되는 것을 막아야겠다고 결심했다. 그래서 자신을 포함한 모든 여성이 사이즈와 상관없이 아름 답고 가치 있다는 점을 알리는 데 자신의 열정을 쏟기 시작했다.

"모델 일을 시작한 일 년이 좀 지났을 때 엄마는 텔레비전에서 저를 처음 보았어요. 고급 비키니를 입고 해변에 서 있는 모습이었는데, 엄 마가 그 모습을 어떻게 생각할지 무척 신경이 쓰였어요. 그런데 엄마가 '어쩜, 너 정말 예쁘다'라고 하는 거예요. 엄마는 기회가 있을 때마다 동 료 교사와 학생들에게 제가 나온 잡지를 보여주었어요. 그리고 제 능력 과 자신감에 감탄했다는 말도 학생들에게 많이 해주었고요. 어릴 때 엄 마가 제게 한 말들은 저를 상처 주기 위해서가 아니라, 다른 사람에게

몸무게와 상관없이 당당한 여학생의 비밀

상처 받지 않도록 저를 보호하려던 엄마의 방식이었다는 걸 알게 되었어요. 그래서 전 상처가 반복되는 감정의 고리를 끊을 수 있었어요."

당찬 여학생 법칙 07

나는 나와 타인의 행복을 위한 활동에 시간을 쓴다

- 내 능력을 키우는 일에 시간을 쓴다.
- 공통의 관심사를 바탕으로 한 주체적이고 성숙한 교우 관계를 맺는다.
- 내게 도전이 되는 새로운 일을 시도한다.
- 새로운 기회가 될 만한 환경에 나를 자주 노출시킨다.
- 집처럼 편안함을 느끼는 장소가 있다.

연극, 걸스카우트, 운동, 자원봉사 등에 열심인 여학생들은 자신이 속한 세계가 확장되고 자신을 바라보는 시각도 넓어지는 것을 경험하게 된다. 특히 농구, 축구, 태권도 같은 운동은 도전정신과 독립심, 경쟁심을 키워줄 뿐 아니라, 자신의 의견을 상대방에게 분명하게 전달하는 대화 기술을 배우는 데도 도움이 된다.

열여섯 살 린지 아델스타인은 태권도를 좋아하는 소녀다. 승급심사에서 새로운 띠를 딸 때마다 린지는 자신이 가치 있는 존재라는 자부심을 느꼈다.

하지만 린지가 스스로 가치 있는 존재라고 느꼈던 요인은 그런 성과 때문만이 아니었다. 린지의 태권도 사범은 검은 띠를 따려면 우선 지역 봉사활동부터 하라고 했다. 검은 띠를 따는 일이 운동만 잘하는 것 이상의 의미가 있음을 가르쳐주기 위해서였다.

린지는 친구 스무 명을 모아 공공장소의 쓰레기를 치우고 꽃을 심었다. 린지는 태권도를 처음 시작했을 때의 열정을 다시 느끼고 있다며 이렇게 말했다.

"봉사활동을 계획할 땐 좀 부담스럽기도 했어요. 그런데 마치고 나니 자부심이 확 솟더라고요."

당찬 여학생 법칙 08
나는 가치 있는 일을 위해 행동한다

- 나의 의견을 갖춘다.
- 주체적인 선택을 한다.
- 내가 믿는 것을 지지한다.
- 꿈꾸고 희망하고 계획한다.
- 내게 영향력이 있다고 믿는다.

렉시 로치는 열여섯이라는 어린 나이였지만 자신이 지난 몇 년 동안 많이 성숙했고 지금의 자기 모습에 만족한다고 말했다. 렉시의 엄마는 여성에겐 드문 직업인 소방관이고 아버지는 13년 전에 다발성경화증 진단을 받았다.

"엄마는 저와 여동생에게 '너희는 산도 옮길 수 있어'라는 말을 항상 하세요. 전 엄마 말을 믿어요. 155센티미터의 여자 소방관이 흔치 않은 데 엄마는 그 일을 해내고 있잖아요. 엄마를 보면서 저도 할 수 있다는 생각이 들었어요. 아빠는 아프기 전까지 자전거 선수였어요. 그런데 아빠는 아픈 몸으로도 시각장애인들의 파일럿(시각장애인과 함께 자전거를 타고 앞에서 길을 안내하는 역할)이 되어 경기에 나갔어요. 그 모습을 보고 자극을 받았어요. 아빠가 지병 때문에 예전처럼 자전거도 못 타고 힘든 시간을 보낼 때마다 아빠를 위해 제가 대신 자전거를 타야겠다는 생각을 했어요."

2년 전 여름, 렉시는 가장 친한 친구 한나와 함께 '다발성경화증 환자 돕기 기금 마련 자전거 타기' 행사를 열었다. 13일 동안 다발성경화증 환자들이 사는 인디애나 주의 마을 열세 곳을 방문하기로 하고, 방문을 허락한 환자의 집 뒷마당에 텐트를 치고 자기로 한 것이다.

"환자들에게 그들이 병보다 강하다는 사실을 보여주고 싶었어요. 저는 환자들의 집에 머물 때마다 뭔가 도움을 주기 위해 청소도 하고 정원의 잡초도 뽑았어요. 그러고는 환자들을 인터뷰했어요. 언제 다발성경화증 진단을 받았는지, 어떤 치료법을 썼는지, 매일 어떻게 생활하는지 등에 대해서요."

7일째 되던 날, 렉시와 한나는 렉시네 집 뒷마당에 텐트를 쳤다. 렉시는 뒷마당을 똑같은 면적으로 나눈 뒤 자신의 운동에 동참할 뜻이 있는 환자의 가족 150여 명에게 캠핑 자리를 팔았다.

그 캠핑은 환자와 가족들 간의 연대감을 증진시키기 위한 행사였다. 그들은 각자의 텐트를 다양한 주제로 꾸몄고 모닥불 앞에서 이야기를 나누며 노래도 불렀다.

"멋진 밤이었겠어요."

나는 동지애를 느끼는 동참자들을 상상하며 말했다.

"그랬죠. 그런데 그날 이후 사흘 동안 무척 힘들었어요. 정신적으로나 육체적으로나 지친 상태였거든요. 10일째 되던 날 이런 생각이 들었어요. '이 일이 정말로 누군가에게 도움이 될까? 그저 나를 위해 매일 밤 캠핑을 하고 약 1,000킬로미터를 자전거로 달리는 건 아닐까?' 하지만 전 포기하지 않았어요. 그리고 국립다발성경화증협회에 기부할 돈 7,000달러를 모았어요."

렉시는 그 인터뷰를 바탕으로 책을 낼 계획도 세웠다.

"책이 출간되면 각 병원에 보낼 생각이에요. 다발성경화증 진단을 받은 환자들이 그 책을 읽으면 병에 대해 잘 알게 될 거예요."

렉시는 다발성경화증협회에서 주최한 학회와 행사에서 이미 수많은 강연을 했다. 강연을 통해 렉시는 자신이 중요하게 여기는 것을 위해 용기를 내는 방법을 알려주었다고 한다.

"전 열여섯 살이고 오프라 윈프리 같은 인물이 아니기 때문에 제 말이 좀 같잖게 들릴 수도 있어요. 하지만 세상을 바꾸기 위해 아프리카의 모든 사람들에게 음식을 먹여야 하는 건 아니에요. 한 사람의 삶을 변화시키면 그 사람이 다른 사람을 돕게 되고, 그 사람은 다시 또 다른 사람을 돕게 돼요. 연쇄 작용처럼 말이에요. 누구든 세상을 변화시킬 능력이 있어요. 모두 내가 어떤 행동을 할 것인가, 그 행동을 어떤 방식으로 할 것인가 선택하는 데 달려 있어요.

5가지 이유 대기

어떤 행동 이면에 담긴 진짜 목적을 알아내는 과정이다. 나는 자전거 행사를 계획한 렉시와 살을 빼는 일이 '절실한 목적'이었던 여학생 말라에게 그 결정에 대한 다섯 가지 이유를 대보도록 했다. 당신의 딸에게 질문을 던지고 그 대답을 아래 두 소녀의 대답과 비교해보자.

"렉시, 13일 동안 자전거를 타며 모험을 한 이유가 뭐니?"

이유 1: "제 자신에게 도전이 되었기 때문이에요. 그리고 전 다른 사람들이 하지 못하는 방식으로 남을 돕고 싶었어요."

이유 2: "제 안에 다른 사람을 돕고 싶어 하는 열망 같은 게 있어요."

이유 3: "뭔가를 할 능력이 있다면 반드시 그 일을 해야 한다고 생각하기 때문이에요."

이유 4: "다른 사람을 도우면 그 사람뿐 아니라 저도 행복을 느끼기 때문이에요."

이유 5: "우리는 서로 돕기 위해 태어났고 저도 제 역할을 해야 한다고 느꼈어요."

결론 렉시는 뒤로 갈수록 더 심오한 목적의식을 드러냈다. 강한 공동체 의식, 미래에 대한 긍정적 시각, 굉장한 내면의 힘, 멘토들의 격려로 동기가 부여된 렉시는 결국 자신이 영감을 주는 존재가 되었다.

"말라, 왜 살을 빼고 싶니?"

이유 1 : "더 날씬해지고 싶어서요."

이유 2 : "그러면 더 멋져 보일 것 같거든요."

이유 3 : "아무도 군살을 좋아하지 않잖아요."

이유 4 : "뚱뚱하면 추하잖아요."

이유 5 : "보기 좋지 않고 사람들이 게으르고 어리석다고 생각하잖아요. 실제로 그렇지 않더라도 말이에요."

결론 말라는 이유를 말하면서 몸매에 대한 비난만 드러냈다. 자신이 어떻게 보이는지, 다른 사람들이 어떻게 생각하는지 이 두 가지만 걱정했다. 말라에겐 목표도 내면의 힘도 없었고, 오직 혐오감뿐이었다.

당찬 여학생 법칙 09

나는 나의 능력을 믿으며 부정적 피드백에 좌절하지 않는다

- 정신적, 육체적으로 더 강해지기 위해 능력을 쌓고 연마한다.
- 외모보다 나의 능력을 더 중요하게 여긴다.

- 그 누구도 몸무게로 나를 평가하지 못하게 한다.
- 내가 가진 여러 가지 재능을 세상과 공유한다.
- 재능 있는 분야에서 적극적으로 리더십을 발휘한다.

88사이즈에 열여덟 살인 케이시 콘론은 활달한 성격의 학생회 회장으로 인기가 많은 여학생이었다. 그녀는 13년 동안 댄스 강습을 받았고, 그룹 힙합 댄스 대회를 준비하고 있었다. 그러던 중 강습 교사로부터 충격적인 말을 들었다.

"어느 날 선생님이 저하고 엄마를 부르더니, 저더러 대회에 나가지 않는 게 좋겠다는 거예요. 제가 상처를 받을 것 같다나요? 대회 의상도 벌써 주문해놓았고, 다른 멤버들과 죽 연습을 해왔기에 제가 맡은 부분이 있었어요. 얼마나 열심히 연습했는지 몰라요. 전 선생님이 핑계를 대고 있다는 생각이 들었어요. 엄마가 '이건 차별이에요!'라며 강하게 주장하자 선생님이 뭐라고 한 줄 아세요? 글쎄 저더러…… 살을 빼면 대회에 나갈 수 있다고 하는 거예요."

여학생들은 이런 상황에 처하면 상심하기 마련인데 케이시는 그러지 않았다.

"전 살을 빼지 않았고 대회에 나가 열심히 춤을 췄어요. 제가 갑자기 날씬한 여자아이가 될 수는 없는 거잖아요? 사실 뚱뚱한 건 댄스 기술과 아무 상관이 없었어요. 전 언제나 최선을 다했고 그날도 마찬가지였어요."

케이시의 부모님과 친구들이 케이시의 몸무게를 걱정하지 않는 것은 아니다. 사실 케이시 집안에는 심장질환 가족력이 있다(삼촌이 심부전으로 죽었다고 한다). 하지만 이들은 케이시가 가진 장점에 비하면 몸무게는 옥에 티 정도라고 여기고 있었다. 케이시와 가장 친한 친구 리지는 내게 이런 말을 했다.

"전 케이시가 살을 뺐으면 좋겠어요. 뚱뚱한 게 싫어서가 아니라 케이시의 건강을 위해서요. 전 케이시를 정말 좋아해요. 그래서 과체중 때문에 문제가 생길까봐 걱정돼요. 케이시는 매력적인 아이예요. 전 케이시가 그런 매력을 잃지 않으면 좋겠어요."

케이시는 이렇게 말했다.

"제 겉모습을 바꾸기 위해 노력할 수는 있어요. 하지만 그에 앞서 지금의 제 모습과 제가 하고 있는 일을 스스로 자랑스러워해야 한다고 생각해요. 저의 결점에 초점을 두지 말고 제가 다른 사람에게 어떤 도움을 줄 수 있는가에 초점을 두어야죠. 전 제가 무슨 일을 하든 잘해낼 거라 믿어요. 모두 제 안의 힘에 달려 있거든요."

당찬 여학생 법칙 10
나는 나의 긍정적인 가치관에 따라 생각하고 행동한다

- 자유롭게 다양한 사고를 한다.
- 나의 가치관에 따라 결정을 내린다.
- 다른 사람에게 휘둘리지 않고 나의 생각대로 판단한다.

- 내게 의미 있는 것을 저버리지 않는다.
- 나의 가치관을 무시하는 사람들로부터 나를 지킨다.

"이 얘기를 하면…… 제 상처를 다시 건드리게 돼요."

고등학교 2학년인 캐티 그랜트는 이렇게 말문을 열었다. 176센티미터인 캐티는 학창 시절 내내 치어리더를 했다. 그래서 항상 자신의 몸매가 어떻게 비춰질까를 가장 중요하게 생각했다.

"사람들은 뚱뚱한 치어리더를 좋아하지 않아요."

캐티는 단호하게 말했다. 그런데 캐티가 말한 '사람들'이란 사실 '한 사람'을 뜻했다. 캐티와 친하게 지내던 친구였지만, 6학년 때 캐티가 자신의 휴대용 게임기를 훔쳐갔다고 모함하면서 사이가 틀어진 여학생이었다.

"전 절대 훔치지 않았어요. 그런데 그 애가 저보고 도둑이라면서 제 얘길 전혀 믿지 않았어요."

그 친구는 인터넷에 캐티의 외모를 비난하고 죽이겠다는 협박 글까지 올렸다.

> 넌 더럽게도 못생겼어. 납작 가슴 좀 키워라. 너 같은 인간은 죽어야 해. 네가 죽어도 아무도 슬퍼하지 않을걸. 더럽게도 못생긴 년.

"정말 충격적인 일이었어요. 그 뒤로 제 삶이 완전히 변했어요."

이듬해 중학교에 들어간 뒤에도 괴롭힘은 계속되었다. 학교에서 여러 번 경고를 했음에도 그 친구는 고등학교 1학년 때까지 캐티를 괴롭혔다.

"전 제가 하지도 않은 일 때문에, 그리고 제 몸매 때문에 비난받고 괴롭힘 당하는 데 진절머리가 났어요."

캐티는 고등학교 1학년 생일 때 웹사이트를 만들어 '십대 보호 운동'을 시작했다. 지금은 부모님에게 지원받았다. 그렇게 해서 '캐티캐어스닷컴(https://caticares.com)'이 탄생했다.

"중학교 때와 고등학교 1학년 때까지는 아무도 제 진정성을 알아주지 않았어요. 하지만 지금 저는 온전한 제 자신이 되었어요. 저는 제 자신과 제 사이즈와 제 가치관에 대해 자신감을 갖게 되었어요."

캐티캐어스닷컴에는 따돌림과 사이버 불링을 막기 위해 10대들을 교육하는 코너가 있다. 캐티는 이 사이트를 홍보하기 위해 여름방학 때 8일 동안 미국의 50개 도시를 여행하기도 했다.

"제가 가장 좋아하는 말이 '서로 존중하라'는 말이에요."

캐티는 '러브 아워 칠드런 유에스에이(Love Our Children USA, 미국 전역의 학교 폭력 방지를 위해 노력하는 비영리 단체)'의 '학교 폭력 퇴치' 운동 청소년 대사로 임명되었다. 메릴랜드에서 열린 '어린이와 영웅의 날' 행사에서 10대 강연자로 선정되기도 했다. 모두 캐티가 이룩한 성과를 바탕으로 이루어진 결과다.

캐티는 이렇게 말했다.

"서로 존중하자는 말로 하루를 시작하면 어떨까요? 그렇다면 많은 사람들이 평소와 다른 날을 보내게 될 거예요."

* * *

　당신의 딸은 이런 10가지 법칙을 실천하면서 가끔 흔들릴 수 있다. 긍정적 대화가 아닌 뚱뚱한 몸에 대한 이야기를 할 때도 있을 것이다. 친구와의 관계가 나빠질까 두려워 자기주장을 저버리는 때도 있을 것이다. 목표를 설정하고 모험을 감수하는 일을 의구심 때문에 포기하는 때도 있을 것이다. 그런 순간들이 있더라도 끝까지 포기하지 말아야 한다. 진실한 삶의 핵심은 그것을 이루어나가는 과정이지 해법 그 자체가 아니다.

　실수하고 주저하는 때가 많았다는 것은 앞으로 성장할 가능성이 그만큼 크다는 사실을 의미한다.

"이젠 거울을 보면 당당한 제 모습이 보여요.
다른 사람이 보는 나의 장점들을 나 자신도 볼 수 있게 되면
더 이상 부정적인 말을 하지 않게 된다는 걸 깨달았어요.
나는 뭐든 될 수 있다는 것도 알게 되었고요.
그러니 이왕이면 내가 될 수 있는 최고의 내가 될 거예요."

_ '당찬 여학생들 모임' 1기 도미니크 렐프레테

Body Image Quotient ;
✓ 당찬 여학생 법칙 10으로 판단하기

01 딸은 자신의 감정을 건강한 방법으로 표현할 줄 안다.

그렇다 : _____ 아니다 : _____

02 딸은 모험을 두려워하지 않으며 자신의 행동에 책임을 진다.

그렇다 : _____ 아니다 : _____

03 딸은 자신의 미래를 위해 목표를 세우고 그것을 이루려 노력한다.

그렇다 : _____ 아니다 : _____

04 딸은 자기 자신을 긍정적으로 생각한다.

그렇다 : _____ 아니다 : _____

05 딸은 자신을 격려하고 지지하는 사람들을 주위에 둔다.

그렇다 : _____ 아니다 : _____

06 딸은 자신의 몸매에 대해 주체적인 시각을 갖고 있다.

그렇다 : _____   아니다 : _____

07 딸은 자신과 타인의 행복을 위한 활동에 참여한다.

그렇다 : _____   아니다 : _____

08 딸은 가치 있는 일을 위해 행동한다.

그렇다 : _____   아니다 : _____

09 딸은 자신의 능력을 믿으며 부정적 피드백에 좌절하지 않는다.

그렇다 : _____   아니다 : _____

10 딸은 자신의 긍정적인 가치관에 따라 생각하고 행동한다.

그렇다 : _____   아니다 : _____

그렇다 (각각 2점)	**아니다** (각각 1점)	총점

Body Image Quotient ; 총점 보기

✓ 내 딸은 당당한 여자아이일까?

Part 01에서 Part 07까지 각 장의 질문지에 답했다면 총점을 더해보자. 그 합을 토대로 당신 딸이 갖고 있는 몸매에 대한 생각을 알 수 있다

`81~100점` 몸에 대한 확실한 자신감!!

당신의 딸은 거울에 비친 자신의 모습에 만족하고 자신을 칭찬하는 데 익숙하다. 몸무게에 집착하지 않는 친구들을 두었고 선생님이 자신을 공평하게 대한다고 느낀다. 뿐만 아니라 가족이 자신을 지지하고 많은 관심을 기울인다고 느낀다. 대중매체가 마른 몸매를 우상화하는 것은 잘못된 것이며, 행복해지려고 살을 빼거나 수술을 받는 것은 바람직하지 않다고 생각한다.

당신의 딸은 '당찬 여학생 법칙 10' 가운데 많은 것을 갖추었다. 용기 있고 자신감 있으며 인간관계를 잘 맺고 있다. 스파크(SPARK)를 가지고 있을 뿐만 아니라 그 열정을 행동으로 옮길 줄도 안다. 또한 그 열정을 키우는 데 필요한 지지와 격려도 받는다. 상황이 '완벽하게' 돌아가지 않는 날에도 마음의 평정을 유지하며 성취감을 느낄 수 있다.

부모가 할 일 혹시 딸이 '과체중'으로 보일지라도 당신의 잣대로 딸을 평가해선 안 된다. 딸이 갖춘 장점을 바탕으로 스스로의 목표에 도전하게 해보자. 그 과정에서 실수를 할 수도 있다. 하지만 당신의 딸은 건강한 모험을 시도할 줄 알며, 부정적인 피드백을 받아도 다시 회복되는 내적 힘을 갖추었다.

따라서 당신은 딸이 끈기 있게 잘 해낼 거라고 믿어주고 언제든 기댈 수 있는 안식처가 되어주어야 한다. 엄마의 품에서 그렇게 마음을 가다듬고 나면 딸은 더 강해진 마음으로 제 길을 걸어갈 수 있다.

51~80점 자신감은 있지만 가끔 흔들린다!!

당신의 딸은 자신의 몸에 대체로 만족한다. 가끔은 더 매력적으로 보이고 싶은 마음에 식습관을 조절할 수도 있고, 자신의 몸을 비난하는 경우도 있다. 하지만 평상시엔 자신의 단점에 지나치게 연연하지 않는 편이다.

딸의 친구들 역시 외모에 심하게 집착하지 않는 편이다. 물론 자신의 외모를 다른 사람과 비교하고 조금 더 날씬하면 좋겠다고 생각할 때도 있다. 가끔은 사람들이 자신을 불공평하게 대한다고 느끼기도 하지만, 있는 그대로의 자신을 좋아하는 좋은 친구들이 있다는 사실을 안다.

부모가 할 일 당찬 여학생 법칙 10'을 놓고 평가해보면 딸에게 부족한 부분이 무엇인지 알게 된다. 그러한 부분은 딸에게 아예 존재하지 않거나 덜 발달되었을지도 모른다. 하지만 꾸준히 노력하면 채울 수 있는 부분이다.

당신의 딸은 부모, 형제, 친구로부터 성격보다 외모가 중요하다는 부정적인 메시지를 들을지도 모른다. 그러면 여느 여학생들처럼 자신감을 잃고 사회에서 요구하는 몸매에 맞추기 위해 애를 쓰면서 자기 자신을 비하하게 될지도 모른다. 당신은 딸이 이런 굴레에 빠지지 않도록 딸의 장점에 초점을 맞춰 용기를 북돋아주고, 단점을 보완할 수 있도록 함께 노력해야 한다.

몸에 대한 자신감 제로!!

당신의 딸은 낮은 자존감과 부정적인 보디 이미지를 갖고 있다. 자신을 다른 사람과 비교하면서 스스로 못났다고 생각하고, 거울에 비친 자기 모습에 자주 화를 낸다. 날씬한 연예인과 친구들을 보면서 날씬해져야 행복해질 수 있다고 믿는다. 학교에서 놀림을 받을까 걱정하고, 친하지 않은 사람 앞에서는 잘 먹지 않으려 한다. 그리고 자신처럼 몸무게와 신체 사이즈로 괴로워하는 친구들과 어울려 지낸다.

당신의 딸은 '엄마 역시 내가 예뻐지려면 살을 빼야 한다고 생각할 거야'라고 생각하고 있을지도 모른다. 내면에 자존감과 자신을 믿는 힘이 남아 있을 수도 있지만, 끊임없이 자신을 비하하는 생각 때문에 그 힘이 묻히는 경우가 많다.

부모가 할 일 부모라면 딸의 건강과 행복을 위해 조치를 취해야 한다. 각 장의 Body Image Quotient 질문지와 '당찬 여학생 법칙 10'을 놓고 죽 읽어보며 문제점과 원인을 생각해보자. 딸에게 부족한 부분은 무엇인지, 엄마나 아빠 등 가족이 갖고 있는 문제는 무엇인지 파악해보자. 지금 당장은 취약한 부분이 많지만 하나씩 채워 나가는 것이 불가능한 것은 아니다. 당신의 딸에게는 무한한 잠재력이 있다.

보디 이미지가 부정적이면 섭식장애나 우울증 등 여러 가지 문제에 직면할 수 있다. 만일 딸이 위험한 상태일지도 모른다고 생각되면 정신과 의사나 청소년 상담 전문가의 도움을 받는 것이 좋다.

보너스TIP   딸과 함께 자신감 키우는 방법

딸에게 부족한 부분, 문제점 등이 무엇인지 파악하기 위해 목록으로 만들어보자. 이때 엄마, 아빠도 개선하거나 바꿔야 할 부분이 있다는 사실을 명심해야 한다. 예를 들어 딸이 자신감이 부족하고 학교에서 놀림을 당해도 당당하게 반박하지 못하는 것이 문제라면 다음과 같이 해보자.

내 딸의 문제점은? 자신감이 부족하고 친구들이 놀려도 반박하지 못한다.

어떤 힘을 키울 것인가? 자존감, 영향력, 용기, 자기주장

참고할 '당찬 여학생 법칙'은? 01, 02, 10

무엇을 할 것인가? 딸에게 태권도를 배워보라고 말한다. 아니면 에너지를 발산할 수 있고 자신감을 얻을 수 있는 다른 운동을 배워보라고 말한다. 이야기를 나눠본 후 배울 운동이 결정되면 등록한다.

언제 할 것인가? 내일 아침 식사가 끝날 때까지 딸의 대답을 받아내서 방과 후 딸과 함께 등록하러 간다.

이 일을 도와줄 사람은? 지금 옆에서 내가 목록 작성하는 걸 지켜보고 있는 나의 가장 친한 친구 쉐릴.

이런 방식으로 딸의 문제점이 무엇인지를 파악한 뒤 그것을 바꿀 수 있는 방법들에 대해 이야기를 나누고 당장 실천에 옮긴다.

굿바이 굿 걸! 헬로우 당찬 걸!

몸과 마음이 모두 건강한 딸로 키우는 마법 같은 방법이 있다고 말해줄 수 있다면 얼마나 좋을까. 하지만 그런 것은 없다. 다만 자신이 갖춘 내면의 힘으로 자신을 평가하고, 자신이 사랑하는 사람들에게 지지를 받으며, 자신의 몸을 있는 그대로 인정하는 여자아이는 제대로 성장한다고 말해줄 수는 있다. 이러한 아이라면 스파크(SPARK)는 저절로 형성된다.

나는 여학생들이 '굿(good)'이라는 울타리에서 빠져나와 내면의 힘을 발산하며 수많은 기회를 붙잡는 모습을 지켜보았다. '당찬 여학생 모임'에 처음 온 아이들은 자기 이야기를 하는 데 자신감이 없었고 마음의 문을 잘 열지 못했다. 그런데 몇 달이 지나면 생각이 변하기 시작하고 웃음소리가 더 커졌다. 처음에는 조심스럽고 부자연스럽게 웃더니 나중에는 감정 표현이 풍부해졌다. "저 다리는 포토샵으로 만진 거야!" "저건 실제 사람 몸이 아니야!" "엄마 말이 틀렸어!" "엄마 말이 맞았어!" 등 자기 생각을 거침없이 큰 소리로 말했다. 나는 여학생들에게 "나는 지금 이대로의 모습이 예뻐!"라는 말을 들었을 때 가장 뿌듯했

다. 이 여학생들은 이제 열정과 생동감 넘치는 모습이 되었다. 그런 모습을 보인 것이 생애 처음이라고 말한 여학생도 있었다.

내가 볼 때 딸을 키우는 부모에게는 두 가지 선택이 있다. 하나는, 사람들에게 사랑받고 행복해지려면 살을 빼야 한다고 말하는 것이다. 다른 하나는, 딸의 잠재력에 초점을 두고 역시 딸의 잠재력을 알아봐줄 사람들을 주위에 두는 것이다. 이것은 딸이 몸무게와 상관없이 건강하고 아름답고 가능성이 풍부한 존재라는 걸 스스로 느낄 수 있도록 부모가 도와준다는 의미다. 딸이 자신의 긍정적인 목소리를 찾을 때까지 부모는 긍정적이고 영향력 있는 말을 딸에게 들려주어야 한다.

부모가 관심을 기울여준다면 우리의 딸들이 정말 아름다운 것이 무엇인지를 우리에게 말해줄 날이 올 것이다.

옮긴이 **김은경**

숙명여대 경영학과를 졸업하고 성균관대 번역 대학원에서 번역학을 전공했다. 옮긴 책으로 《자신감 있는 아이는 엄마의 대화 습관이 만든다》 《소녀들의 거짓말》 《스타시커 1, 2》 《톨스토이 단편선 1, 2》 《제인에어》 《마더 테레사》 《이웃집 여자 백만장자》 《에버레스팅》 《나이트 스타》 《다크 플레임》 등이 있다. 현재 번역가 에이전시 하니브릿지에서 전문 번역가로 활동하고 있다.

외모와 몸매 스트레스 벗고 당차게 성장하는 비결

여자아이 자존감

초판 1쇄 인쇄 2014년 3월 20일
초판 1쇄 발행 2014년 3월 26일

지은이 | 로빈 실버만
옮긴이 | 김은경
펴낸이 | 金漬珉
펴낸곳 | 북로그컴퍼니
편집부 | 김옥자 · 태윤미 · 김현영
마케팅 | 김승지
디자인 | 김승은
경영기획 | 김형곤
주소 | 서울시 마포구 잔다리로3안길 10, 101호
전화 | 02-738-0214
팩스 | 02-738-1030
등록 | 제 300-2009-30호

ISBN 978-89-94197-57-9 13590